KB266919

세상을 향해 별을 쏘다

세상을 바꾼 여성 엔지니어 7
세상을 향해 별을 쏘다

저자_ (사)한국여성공학기술인협회

1판 1쇄 인쇄_ 2012. 11. 30.
1판 2쇄 발행_ 2013. 1. 15.

발행처_ 김영사
발행인_ 박은주

등록번호_ 제406-2003-036호
등록일자_ 1979. 5. 17.
경기도 파주시 교하읍 문발리 출판단지 515-1 우편번호 413-756
마케팅부 031)955-3100, 편집부 031)955-3250, 팩시밀리 031)955-3111

이 책의 한국어판 저작권은 저작권자와의 독점 계약한 김영사에 있습니다.
신 저작권법에 의해 한국 내에서 보호를 받는 저작물이므로 무단전재와 복제를 금합니다.

값은 뒤표지에 있습니다.
ISBN 978-89-349-6099-7 03500

독자의견 전화_ 031)955-3200
홈페이지_ http://www.gimmyoung.com
이메일_ bestbook@gimmyoung.com

좋은 독자가 좋은 책을 만듭니다.
김영사는 독자 여러분의 의견에 항상 귀 기울이고 있습니다.

세상을 향해 별을 쏘다

세상에 없는 길을 스스로 만든
대한민국 여성 공학도
22인의 열정과 혁신의 스토리!

(사)한국여성공학기술인협회

김영사

공학으로 꿈을 이룬
여성 엔지니어들의 울림 있는 멘토링

지금까지는 기술적 수준만 높으면 그 가치를 인정받았지만 이제는 문화적 수준이 뒷받침되지 않으면 경쟁력 있는 기술로 인정받지 못하는 시대가 되었다. 테크놀로지와 예술이 만나야 구매자가 매료되는 제품을 만들 수 있고, 공학과 인문학, 사회과학이 만나야 예술적 상상력이 융합된 수준 높은 기술인이 될 수 있는 시대가 되었다. 이제 융합의 DNA를 가진 여성 엔지니어의 시대가 온 것이다.

유능한 여성 엔지니어를 더 많이 배출하기 위해서는 엔지니어에 대한 정확한 정보를 제공하고 역할 모델 발굴을 통해 여학생들이 무의식중에 자신이 공부하는 분야에서 성공할 가능성이 있다는 자신감을 갖게 하는 것이 중요하다.

올해로 벌써 일곱 번째를 맞는《세상을 바꾸는 여성 엔지니어 7》의 출간을 앞두고 초고를 읽으며 우리 여성 엔지니어들의 생생한 삶의 현장과 성장 과정을 살펴보는 것은 몹시도 흥분되는 경험이었다. 또한 필자들의 삶의 여정이 참으로 아름답다고 느꼈다. 이 책에 묻어나는 여성 공학인의 생동감 있는 현장의 목소리와 삶의 진한 모습이 많은 청소년들, 특히 공학에 관심이 있거나 앞으로 공학도를 꿈꾸는 여학생들에게 역할 모델이 되었으면 하는 바람이다.

지금 이 순간에도 진로를 고민하고 공학계 진출을 망설이고 있는 우리 여학생들을 위해 그들과 다르지 않았던 선배들의 이야기가 펼쳐진다. 진로를 결정하게 된 동기에서부터 현재 위치에 이르기까지 힘들었지만 호기심을 가지고 노력하는 과정에서 얻은 성취감과 맛날 수 있을 것이다. 나아가 여성 엔지니어가 리더로 성장하면서 조직 내에서 터득한 노하우를 솔직하게 들려준다는 점에서 이 책은 한 단계 더 높은 비전을 제시하는 울림이 있는 멘토링이라 할 수 있다.

마지막으로 책을 출간하도록 지원을 아끼지 않은 지식경제부 관계자, 완성도 높은 책을 만들기 위해 애쓰신 김영사와 협회 사무국 직원들에게도 고마운 마음을 전한다.

2012년 12월
한국여성공학기술인협회 회장 최영미

세상을 향해 별을 쏘다

1부

여성,
공학으로 세상의
한계를 뛰어넘다

컴퓨터·전자·정보통신·프로그램

권숙교 이화여자대학교 수학과를 졸업한 후 동 대학원에서 석사 학위를 받았으며, 서강대학교 경영대학원을 수료했다. 삼립식품, 시티은행, 한국선물거래소 등을 거쳐, 2003년부터 우리금융정보시스템에서 금융권의 정보화를 위해 노력하고 있다. 2010년 3월 우리에프아이에스 대표이사에 취임하며, 우리나라 금융권 최초의 여성 CEO가 되었다. 2010년 국가경쟁력대상, 2011년 한국능률협회인증 최고경영자상을 수상했으며, 여성가족부 정책자문위원회와 대통령 직속 국가브랜드위원회의 위원으로 활동하고 있다.

우리나라 금융권 최초의 여성 CEO가 되다

보수적인 가풍과 부모님의 교육열이 지금의 나를 만들다

나는 요즘 곧잘 안동 촌년이 출세했다고 하고 다닌다. 또, 이공학을 공부하고 엔지니어로 시작해서 CEO가 되었음을 감사히 여기고 이에 자부심을 느낀다. 대학을 졸업한 대부분의 여성이 결혼을 최우선으로 생각하고 기업에서 여성의 위치를 사무 보조원으로만 여기던 1980년대 초 프로그래머라는 생소한 직업으로 직장 생활을 시작했다. 그후 보수적인 우리나라 금융권의 남성들만의 리그에서 살아남았다. 30여 년 한 우물을 판 결과다. 그러면 무엇이 나의 오늘을 있게 했을까?

나는 아주 보수적인 가풍을 갖고 있는 안동 권씨 집안에서 1남 3녀 중 셋째 딸로 태어났다. 아버지와 어머니는 유교적 가치관을 갖고 계신 전형적인 옛날 양반 분이셨다. 생각하시거나 말씀하시는 것, 예의범절 모든 면에서 약간은 답답할 정도로 고지식한 면을 갖고 계신 원칙론자이며 실제로 원칙을 그대로 지키는 분들이었다.

그렇지만 우리 집에는 1950년대 안동 지역을 비롯하여 우리나라 대부분의 가정에서 당연하게 여겼던 남녀 차별 문화는 없었다. 적어도 내가 딸이라서 기회에서 배제되는 일은 없었다. 그뿐만 아니라, 자식들 모두 원한다면 외국 유학까지 보내시겠다고 하실 정도로 교육열이 매우 강하셨다.

이런 부모님의 영향으로 우리는 남녀 간의 차이나 차별에 대한 특별한 인식을 느낄 수 없었다. 또한 우리 남매 모두 서울로 유학을 가서 당시로서는 최고의 교육을 받을 수 있었다. 결과적으로 부모님은 우리 네 남매에게 안동 지역의 보수적인 가풍과 함께 남녀평등이라는 가치 그리고 우리가 원하는 만큼의 교육을 받을 수 있는 기회를 주셨다.

보수적인 가풍과 시대를 앞선 부모님의 교육열 때문인지 우리 남매는 일상적인 가정생활 방식에 있어서는 매우 전통적이며 보수적인 가치를 갖고 있지만 사회생활 방식에서는 반대로 진보적인 관점을 갖는 매우 특이한 성향을 띠게 되었다. 오늘날 흔히 말하는 문화적 퓨전이나 컨버전스가 일어난 것이 아닌가 한다. 이것이 나의 차별성이 되지 않았을까?

지금 여성에게 필요한 것은 공정한 경쟁과 평가

부모님의 양육 방식 영향 때문인지 나는 '여성 CEO'라는 말을 좋아하지 않는다. 여성 CEO가 아니라 CEO라 불리기를 희망한다. 나는 항상 그렇게 생각하고 행동하려 노력했다. 그래서 여성이라는 이유로 특혜를 받는 것에 반대한다. 여성과 남성 간에 역량 차이가 없으므로 최선을 다하면 항상 그에 비례하는 성과와 보상이 있다고 믿는다. 내가 아는 한 세상은 일부 불공평하고 불합리한 점은 있지만 이러한 나의 기대를 저버리지는 않았다.

후배들에게 여성의 사회적 성공과 관련한 강의를 할 때 직접적으로 혹은 간접적으로 이러한 내 생각을 적극적으로 알리려 노력한다. 여성이기에 무엇인가 유리한 환경을 만들어 달라고 요구하는 것은 결국 여성이 열등하다는 무의식에서 출발하고, 이러한 무의식은 여성이 갖고 있는 많은 장점을 충분하게 활용할 수 있는 자신감과 꿈을 억압하는 보이지 않는 사슬이기 때문이다.

여성과 남성은 각각 다른 생물학적 특성을 갖고 있으며 이러한 특성은 여성과 남성 간의 우월성을 판가름하는 기준이 될 수가 없다. 대개 여성은 합리적이며 꼼꼼하며 감성적인 반면에 남성은 열정적이고 과감하며 충성심이 강하다고 말한다. 그렇지만 모든 여성과 남성이 다 이런 특성들을 공통적으로 갖고 있지는 않다. 굳이 여성과 남성을 나누고 어떤 이미지로 굴레를 쓰게 하는 것 자체가 비합리적이고 비효율적이다. 개인의 특성과 역량을 고려하여 가장 잘할 수 있는 일을 하고 서로 함께 공생하고 협력하면 되는 것이다.

이런 면에서 요즘 초등학교 아이들에게서 배우는 것이 많다. 요즘 아이들은 여성과 남성에 대한 인식이 없다. 매우 자유롭게 서로 간의 관계를 형성해간다. 그렇다고 여성성과 남성성이 없는 것도 아니다. 미래에는 남성과 여성이 아니라 개인의 개성과 역량 그리고 꿈이 중요한 시대가 될 것이라고 확신한다.

보수적인 금융계에서 여성 프로그래머 최초로 CEO가 되다.

빠르게 발전하는 정보 통신 기술을 기반으로 새로운 지식 경제 사회가 되고 있는 오늘날 여성들에게 필요한 것은 여성에 대한 배려가 아니라 공정한 경쟁과 평가 그리고 보상이 되어야 한다. 이런 점에서 내가 CEO로서의 역할 모델이 되지 않을까?

사회적 성공을 위한 다섯 개의 조언

많은 사람이 내게 어떻게 하면 여성 공학도로서 사회적으로 성공할 수 있는지에 대해서 물어본다. 이러한 주제로 여러 번 강의도 했다. 지난 30여 년에 걸친 사회생활을 되돌아보면서 나는 다섯 가지의 성공 비결을 정리할 수 있었다.

첫 번째, 목표를 명확하게 설정하고 끊임없이 보완하자. 나의 꿈은

1 ｜ 여성, 공학으로 세상의 한계를 뛰어넘다

계속해서 바뀌었다. 고등학교 때는 선생님이 되고 싶었고, 대학교 때는 남자들과 동등하게 경쟁할 수 있는 전문직을 갖기 위해 프로그래머가 되는 것을 꿈꾸었다. 그리고 프로그래머가 된 이후에는 다시 최고 경영자가 되는 것을 꿈꾸었다. 자신이 처한 상황에서 내가 간절하게 바라는 것이 무엇인지를 생각하고 그것을 이루기 위해 노력하는 것이 중요하다. 산에 오를 생각을 하지 않으면 절대로 산에 갈 수 없다. 따라서 항상 현재보다 더욱 행복한 미래를 꿈꾸는 것이 중요하다.

두 번째, 목표를 달성하기 위해 열정적으로 도전하자. 꿈만 꾸고 노력하지 않으면 복권을 사고 당첨되기를 기다리는 것과 같다. 처음 직장 생활을 프로그래머로 시작했다. 작은 꿈이 이루어진 것이다. 그러나 시작은 비참했다. 내가 직장 생활을 시작한 1980년대에 여성은 남성 직원의 보조자에 불과했다. 나는 남성과 동등하거나 월등하다는 것을 업무를 통해 입증하지 않으면 안 되었다. 어려운 개발 프로젝트에 자원했고 항상 기대를 넘는 성과를 내기 위해서 노력했다. 남성 개발자들이 기피하는 대형 개발 프로젝트 매니저로도 자원하여 수행했다.

이러한 10여 년의 노력으로 직장에서 어느 정도 인정을 받게 되었다. 하지만 그때에도 융합의 필요성을 느껴서 MBA를 획득했다. MBA는 나를 차별화하는 중요한 부록이 되었다. 최고의 프로그래머에서 더 넓은 곳에서의 경영을 꿈꾸었다. 남들이 부러워하는 외국 은행에서 국내 금융 그룹으로 옮기게 된 이유이기도 하다. 이러한 도전이 열정을 가지게 하고 목표를 차근차근 채우는 것이라 생각한다.

세 번째, 멘토를 만들자. 내가 하는 일이 잘되지 않거나 문제에 부딪혔을 때 찾아가서 의논할 수 있는 멘토가 반드시 필요하다. 나는 20년 이상 멘토로 모시고 있는 선배가 있다. 인생의 선배로서 사회생활의 선배로서 참으로 많은 것을 배운다. 오늘날 내가 여기까지 온 것도 멘토의 끊임없는 상담과 격려 덕택이라 해도 과언이 아니다. 역사적으로나 실제 사회 경험으로 보았을 때 어려움에 빠지면 항상 시각이 좁아지고 당황하게 되어 최악의 방법을 선택하여 망하는 경우가 많다. 성공하고 싶다면 내가 어려울 때 찾아가서 조언을 구할 수 있는 멘토를 만들어야 할 것이다.

네 번째, 네트워크와 커뮤니케이션 역량을 키우자. 대한민국에서는 4.5명만 거치면 누구와도 네트워크가 연결된다는 보고서를 본 적이 있다. 실제로 사회생활을 하면서 인적 네트워크의 힘을 절감한 경험이 많다. 청탁을 하라는 말이 아니다. 좋은 사람들, 내게 부족한 역량이나 지식 혹은 감성을 갖고 있는 사람들을 많이 알게 되면 여러 가지로 많은 도움을 받게 된다. 그리고 그 네트워크가 올바르고 정직한 것이라면 더더욱 그러하다. 아울러 사람들과 소통하는 커뮤니케이션 역량을 갖추는 것도 매우 중요하다. 상대방을 이해하고 나를 상대방에게 이해시키는 능력인 커뮤니케이션 역량은 타고난 인성도 중요하지만 독서와 지속적인 사람들과의 관계 맺음을 통해서도 어느 정도 체득할 수 있다. 사람이 가장 중요한 핵심 자산이라는 것을 항상 생각하고 사람들과 계속해서 관계하고 활발하게 소통하는 노력을 경주해야 할 것이다.

다섯 번째, 좌절에서 희망을 보자. 이 세상은 결코 내가 원하는 대로

되지 않는다. 내가 바라
지 않는 방향으로 일이
진행되는 것이 다반사다.
만약 여러분이 좌절할 일
이 생길 때마다 낙심한다
면 여러분의 인생은 낙심
으로 가득하게 될 것이
다. 대신 내가 원하는 대
로 되지 않는 데서 의외
로 새로운 성공의 기회가
올 수 있다는 생각을 하
자. 처음에는 예상하지
못한 상황에 당황하지만
극복하고 나서 나중에 보
면, 오히려 내게 더 좋은
경험이 되었거나 좋은 사
람들과 관계를 형성하는

여성 공학도여, 꿈과 열정을 갖고 스마트하게 세상에 나서자.

경우가 많았다. 이러한 의외의 변수는 우리의 인생을 더욱 풍부하게 해
주며 경력에 있어서도 모든 사물을 종합적으로 볼 수 있는 다양성을 키
워주는 계기가 될 것이다. 문제는 낙심하지 않고 긍정적으로 새로운 변
수에서 다른 성공의 기회를 찾을 수 있다는 확신을 갖는 것이다. 나는
긍정의 힘을 믿는다.

이 다섯 가지 성공 비결은 여성 공학도에게만 해당되는 것은 아니다. 아마도 남성이나 혹은 공학도가 아닌 인문학도 모두가 공통적으로 성공적인 사회생활을 위해서 한 번쯤은 생각해보아야 할 항목들이 아닌가 한다. 특별히 여성 공학도가 사회적으로 성공하기 위해서는 여성과 공학도가 지니는 장점을 십분 활용하는 것이 중요하다. 앞에서 말한 다섯 가지와 함께 여성이 지닌 합리성과 치밀함, 공학도가 지니는 과학자적 실험과 탐구 정신 그리고 끊임없는 진리에 대한 추구 같은 특성들을 계속해서 유지하고 발전시킨다면 분명 밝은 미래가 다가올 것이라고 확신한다.

여성 공학도와 스마트 트랜스포메이션

나는 스마트라는 말을 좋아한다. 우리 회사의 비전도 스마트 웨이브다. 내가 스마트라는 단어를 끄집어낸 것은 스마트 트랜스포메이션에 관한 이야기를 하기 위해서다. 우리나라를 비롯해 전 세계가 새로운 비즈니스 질서 속으로 빠르게 편입되고 있으며 이 새로운 질서 속에서 지속적인 성장과 발전을 추구하기 위해서는 민간과 공공 분야 모두가 스마트 트랜스포메이션을 시도해야 한다.

이 모든 변화는 스티브 잡스가 세상에 아이폰을 내놓으면서 시작되었다. 아이폰이라고 하면 애플과 삼성의 전쟁만 생각하는데 사실 나는 이들의 전쟁에는 별로 관심이 없다. 아이폰이 가져온 전 세계적인 경영환경 변화가 워낙 크고, 이러한 변화를 우리 사회가 느끼고 대응하는 것이 매우 더디어서 우려가 되는 점이 더욱 많기 때문이다.

스마트폰은 사람들이 언제 어디서나 자신의 생각이나 의견을 다른 사람과 공유할 수 있게 했다. 이것이 흔히 이야기하는 개인의 사회화다. 그 결과 페이스북과 트위터와 같은 SNS에 수억 명의 사람이 매일 접속하고 파워블로거의 평가에 따라 특정 상품이나 서비스의 매출이 좌우되기 시작했다.

개인의 사회화는 권력을 기업에서 소비자에게로 이동시켜 소비자 권력 시대를 열었다. 이제 소비자들은 모바일 기기를 활용해 실시간으로 기업이나 서비스 혹은 상품에 대한 평가를 검색하여 구매 의사를 정하고 다양한 인터넷 쇼핑몰 검색을 통해 최적의 구매 채널을 선택할 수 있게 되었다. 과거 푸시 마케팅 기반의 획일적인 대량 광고와 판촉 활동 중심으로 이루어지던 기업의 영업과 마케팅 활동이 하루아침에 무력화되는 상황이 발생하고 있는 것이다.

기업들은 이러한 소비자들의 행동 형태나 생각, 의향, 감성에 대한 실시간 정보를 스마트폰의 각종 센서나 앱, 혹은 SNS나 포털 사이트를 통해 취합하고 분석하여 소비자 개개인에게 최적화된 서비스나 상품을 개발하고 스마트폰을 통해 제안하는 등 R&D, 생산, 마케팅, 영업 등 경영 활동 전반을 변화시켜야 하는 상황에 직면하게 됐다. 이러한 양상은 일반 기업과 함께 공공 서비스나 금융 서비스 분야에서도 발생하고 있다. 바야흐로 대량 개인 맞춤 시대가 오고 있다.

그러나 대량 개인 맞춤 시대에 대응하고 있는 우리의 현황은 아쉬운 점이 많다. 선진 사례에 비추어볼 때 아직도 많은 기업이 생산 기술 중심의 산업 구조를 탈피하고 있지 못하며 대량 개인 맞춤 시대를 주도해

나갈 핵심 인재 그룹이나 서비스도 뚜렷하게 존재하고 있지 않다. 그나마 많은 소규모 벤처 회사들의 도전이 반가운 측면이 있으나 근본적으로 민간, 공공, 금융 분야 전반의 반향이 크지 않은 것이 현실이다.

나는 스마트폰이 촉발한 대량 개인 맞춤 시대에 대응하기 위한 방안으로 스마트 트랜스포메이션을 제안한다. 우선 기업이나 공공 기관은 고객이나 서비스 대상 국민에 대한 체계적인 정보 취합과 관리, 활용, 보호에 집중해야 할 것이다. 그리고 이렇게 확보된 고객이나 국민에 대한 정보를 기반으로 R&D나 생산, 서비스 제공 방법 등 경영과 공공 서비스 운영 방법 전반을 대량 개인 맞춤 서비스에 맞도록 계속해서 변화시켜야 한다. 이러한 혁신 활동을 지원하는 데 필요한 대규모의 IT 자원은 표준화, 통합화, 융합화 과정을 거쳐 기업과 공공 기관 단위로 공유화하고 공유화의 효과로 확보되는 잉여 자원을 빅 데이터, 데이터 분석, 클라우드 컴퓨팅, 상황 인식 컴퓨팅과 같이 대량 개인 맞춤 서비스에 필요한 새로운 기술 분야에 집중적으로 투입해야 한다.

나는 이렇게 비즈니스와 IT 간 책임과 역할을 분명하게 하고, IT의 공용화를 통한 운영 최적화의 실현으로 확보되는 잉여 자원을 새로운 서비스 분야에 투입하는 일련의 대량 개인 맞춤 서비스 대응 방법을 스마트 트랜스포메이션이라고 이름 지었다. 유럽발 금융 위기로 촉발된 글로벌 경제 불확실성이 산업의 전반적인 역동성을 약화하고 있는 상황에서 스마트 트랜스포메이션이 대규모 투자를 최소화하면서 성공적으로 대량 개인 맞춤 시대에 대응하는 가장 효율적이고 효과적인 방법이 될 것이라고 확신한다.

1 ｜ 여성, 공학으로 세상의 한계를 뛰어넘다

지난 30여 년간 사회생활을 하면서 시련도 많았지만 비교적 성공적으로 경력을 쌓아왔다고 생각한다. 이제는 사회를 위해 내가 헌신할 차례가 아닌가 싶다. 남은 사회생활 대부분을 우리 사회가 성공적으로 스마트 트랜스포메이션하여 지속적인 국가 경쟁력을 유지하고 강화해나갈 수 있도록 미약하나마 힘을 보태는 것이 요즘 나의 바람이다.

스마트 트랜스포메이션에 자주 등장하는 네트워크, 사회화, 애널리틱스, 컨버전스, 감성, 이런 유의 말들은 여성 공학도들에게는 상당히 친근한 말이다. 그래서 나를 포함하여 여성 공학도 선후배들의 역할과 책임도 더욱 커질 것이라고 생각한다. 더 큰 꿈과 열정을 가지고 다 함께 밝은 미래를 개척해나갈 수 있기를 기대한다.

한 선 화   한양대학교 화학공학과와 성균관대학교 정보공학과를 졸업하고, 카이스트에서 전산학 석사와 박사 학위를 받았다. 현재 한국과학기술정보연구원 선임연구부장을 맡고 있으며 국가과학기술위원회 첨단융합분과 전문위원, 바른과학기술사회실현을 위한 국민연합 대전·충청권 대표, 대한여성과학기술인회 부회장으로 활동하고 있다. 2011년 과학기술훈장 진보장을 받았다.

한 선 화

꿈을 꾸는 한
세상의 모든 문은
열려 있습니다

눈길이 닿는 대로 올라온 산

Climb every mountain, search high and low

Follow every byway, every path you know.

Climb every mountain, ford every stream,

Follow every rainbow, till you find your dream!

제가 제일 좋아하는 영화 〈사운드 오브 뮤직〉의 삽입곡입니다. 이 곡은 가보지 않은 길을 앞에 두고 머뭇거리는 수녀 후보생 마리아에게 원장 수녀님이 들려주는 노래이지요. 이 노래 가사로 제 이야기를 시작해 보려 합니다. 사실 '세상을 바꾸는 여성 엔지니어'라는 대단한 제목의 책에 실을 이야기를 써달라는 의뢰를 받고 조금 당황스러웠습니다. 처음부터 대단한 꿈을 가지고 시작한 일도 아니었고 철저한 계획을 세워 한 단계 한 단계 차근차근 밟아 올라온 것도 아니었으니까요. 어쩌면 노래 가사처럼 이 산 저 산 눈길이 닿는 대로 올라가보고 가끔은 옆길로 새기도 하면서 앞으로 달려온 것 같습니다. 그러다 보니 어느새 이렇게 아름다운 산 위에 우뚝 서 있는 제 모습을 발견했습니다.

부족함이 없던 어린 시절과 숙맥이던 중·고교 시절

제 나이 또래의 분들은 매우 불우한 어린 시절을 보낸 경우가 많습니다. 하지만 저는 은행원이신 아버지, 명문 고등학교를 졸업하신 어머니를 둔 비교적 안정되고 유복한 가정에서 자랐습니다. 저희 부모님은 교육에 대한 열정도 남다르셨고 아는 것도 많은 그야말로 '인텔리'이셨죠. 그래서인지 제 성장기에는 어떠한 입지전적인 이야기도 없고 드라마틱한 반전도 없습니다.

저는 2남 2녀 중 셋째입니다. 위로는 오빠가 둘이 있고 밑으로 여동생이 있지요. 만능 스포츠맨이며 아이들과 놀아주는 것을 즐겨 하셨던 아버지 덕분에 어린 시절부터 온 가족이 수많은 추억을 만들었습니다. 해마다 여름이면 가족 여행을 했고, 주말마다 가족들과 산에 갔으며, 한 해도 빠짐없이 크리스마스트리를 만들었습니다. 어린 시절 제가 살던 집은 높은 축대 위에 있었는데, 우리 집 크리스마스트리는 멀리 용산역에서도 보일 정도로 유명했습니다. 그리고 큰오빠부터 막내 여동생까지 모두 스카우트 활동을 했습니다. 자연 탐구, 실험, 봉사활동, 다양한 공작, 자연 속에서 생활하는 캠핑 등의 활동을 통해 관찰과 협동과 용기를 배웠습니다.

중·고등학교에 다니던 시절에는 친구들과 다른 제 모습에 조금 당황

　　　　　1 ｜ 여성, 공학으로 세상의 한계를 뛰어넘다

스러웠던 기억이 있습니다. 제게는 흔히 말하는 사춘기 여학생의 모습을 찾아볼 수 없었거든요. 또래 아이들은 멋지게 팝송을 부르고 시집을 읽고 우수에 찬 눈빛으로 하늘을 바라보고는 했지요. 하지만 저는 탐정 소설에 빠져 있었고, 하는 짓은 천둥벌거숭이에 친구들보다 가족을 더 좋아했습니다. 중학교 시절 가장 기억에 남는 에피소드는 수학 선생님과의 논쟁입니다. 유리수와 무리수에 대한 문제였던 걸로 기억하고 있는데, 시험 문제의 정답에 대해 이의를 제기해서 선생님들이 회의를 통해 제 정답을 받아들여주셨습니다. 이 일을 계기로 수학에 더욱 재미를 붙이게 되었고, 고등학교를 졸업할 때까지 수학은 제가 가장 좋아하고 잘하는 교과목이 되었습니다.

고등학교 시절은 다른 친구들과 마찬가지로 대학 입시 준비에 집중했습니다. 그 당시에는 본고사 제도가 있어 목표로 하는 대학 수준에 맞는 문제를 준비했습니다. 매우 깊이 있는 사고를 요하는 문제를 해결해야 했고, 나름대로 그런 문제 풀이를 즐겼던 것으로 기억합니다. 대신 암기 위주의 과목에는 영 흥미가 없었기에 선생님들의 걱정을 사기도 했습니다. 제게 주어진 인생의 첫 갈림길은 고등학교 2학년에 올라가던 해에 찾아왔습니다. 문과와 이과 중 하나를 선택해야 했던 것이지요. 적성 검사에서는 문과와 이과 모두에서 높은 점수를 받았습니다. 결국 이과를 선택했는데, 그 이유가 너무나 단순하고 어이가 없습니다. 바로 한자를 공부하기 싫어서였어요. 문과는 한자가 필수인데, 저는 한자를 외우는 게 정말 싫었거든요. 심지어 100점 만점에 25점을 받은 적도 있습니다.

희귀 동물 공대 여학생

대학 진학은 또 다른 선택의 길이었습니다. 그것도 아주 중요한 선택의 갈림길이었지요. 하지만 대학 입학과 관련된 사전 지식은 거의 없었다고 해도 과언이 아니었습니다. 앞에서 말했다시피 '이것이 되겠다'는 꿈을 가지고 달려온 길이 아니었기에 학교에서 기대하는 대로 명문 대학을 목표로 했고, 당시 예비고사 점수를 기준으로 하여 지원 대학을 결정했습니다. 하지만 1차 지원에서 실패를 했고, 후기로 당시 2차 대학 중 가장 경쟁이 치열했던 한양대학교 제5 공학부에 지원하여 수석으로 입학하게 되었습니다.

입학식을 마치고 신입생들이 모였을 때 느꼈던 놀라움은 지금도 생생합니다. 공대 전체 신입생이 약 2,000명가량 되었는데 여학생은 단 다섯 명뿐이었어요. 공대 건물에는 여학생 화장실이 없어서 화장실에 가려면 쉬는 시간에 학생회관까지 뛰어 내려갔다 와야 했습니다. 그야말로 할 수 있는 것은 공부밖에 없었습니다. 4년간 장학금을 받으며 최상위 클래스를 놓치지 않았습니다.

또 다른 도전, 새로운 시작

대학을 졸업하고, 학업과 일을 병행하고 싶었습니다. 야간 대학원에 진학하기로 결심하고 취업을 시도했는데, 대졸 공대 여학생이 갈 수 있는 자리는 없었습니다. 야간 대학원은 기대와는 달리 학문을 하는 곳이 아니었습니다. 대학원을 중퇴하고 지금까지 한 번도 고민하지 않았던 '무엇을 할 것인가'를 생각하게 되었습니다. 그래서 선택한 곳이 한국

1 | 여성, 공학으로 세상의 한계를 뛰어넘다

과학기술연구원 부설 시스템공학센터의 프로그래밍 교육 과정이었습니다. 컴퓨터가 도입되어 주목받기 시작하던 때였지요. 3개월 과정으로 프로그램 설계와 이론, 포트란과 코볼 등 실무 프로그램 언어, 실제 프로젝트를 수행하는 OJT 코스를 마쳤습니다. 프로그램 설계를 하고 코딩을 하고 디버깅을 하면서 밤새는 줄 모르고 문제를 풀어나갔고, 컴퓨터의 원리와 각종 프로그램 기법에 흥미와 호기심이 생겼습니다. 3개월 과정을 마친 후 동기들끼리 스터디 그룹을 만들고 전문가를 초빙하여 컴퓨터 개론과 구조에 대해 공부했습니다.

스물여섯 살, 늦지도 빠르지도 않은 나이에 결혼했고 남편은 다니던 회사를 그만두고 석사 과정에 입학했습니다. 저도 마침 컴퓨터에 대한 공부를 더 하고 싶던 차라 학사 편입을 하게 되었지요. 당시는 성균관대학교에서 컴퓨터와 관련된 학과인 정보공학과를 개설하여 1기 학생들이 3학년에 올라가던 해였습니다. 저는 정보공학과 1기에 학사 편입을 하여 저보다 다섯 살이나 어린 학생들과 함께 컴퓨터 공부를 했습니다.

그 당시 성균관대학교에는 컴퓨터 소프트웨어를 전공하신 교수님이 거의 없으셨습니다. 그래서 카이스트의 박사 과정 분들이 강사로 출강하셨죠. 그런데 그분들 강의가 정말 재미있는 거예요. 단순히 교과서를 가지고 하는 것이 아니라 강의와 시험이 지금까지 제가 받았던 방식과는 모두 달랐습니다. 카이스트에 가면 저런 공부를 할 수 있겠구나! 그래서 카이스트에 진학하게 되었습니다. 당시 경쟁률이 140 대 1이었던 걸로 기억합니다.

카이스트는 또 다른 도전이었습니다. 세상은 넓고 인재는 많다는 것을 새삼 깨달았지요. 정말 똑똑한 친구들이 많았습니다. 나름대로 심혈을 기울여 작성한 첫 보고서가 평균 이하의 점수를 받았을 때의 충격이 아직도 기억납니다. 이 일을 계기로 다시 마음을 다잡아 졸업 평점은 동기 중 가장 높게 받을 수 있었습니다. 하지만 석사 과정은 학점이 중요한 것이 아니라는 것쯤은 누구나 알고 있지요. 성적은 좋았지만 실제로 실력은 중간에도 미치지 못했다고 지금도 생각하고 있습니다. 특히 석사 시절에 고생이 되더라도 프로그래밍을 더 많이 더 열심히 하지 않은 것이 지금도 후회됩니다. 물론 핑계를 대자면 당시 저는 두 번의 유산 끝에 큰아이를 임신해서 되도록 컴퓨터 앞에 오래 앉아 있는 것을 피해야 했지요.

아이를 키우며 학업을 한다는 것은 쉬운 일은 아니었습니다. 서울에 있을 때는 친정 부모님이 도와주셨지만 카이스트가 대전으로 내려온 후에는 한 살 반 된 아이를 놀이방에 맡기며 학교에 다녀야 했습니다. 그리고 2년 후 둘째를 낳았지요. 둘째는 백일부터 놀이방에 맡겼습니다. 원래 6개월 이하의 영아는 돌보아주는 곳이 없었지만 다행히 큰아이가 다니던 놀이방에서 맡아주겠다고 하셔서 아이를 맡길 수 있었습니다. 아침에 엄마와 떨어지기 싫다고 우는 큰아이와 아무것도 모르는 갓난아기를 놀이방에 맡기고 학교로 향할 때는 정말 발걸음이 떨어지지 않았습니다. 아이 둘을 키우면서 9년에 걸친 박사 과정을 마쳤습니다. 그사이 큰아이는 초등학교에 들어갔고, 작은아이도 유치원생이 되었습니다.

전문가의 길로 들어서다

1997년 박사를 마치고 약 5개월간 연구개발정보센터의 초청 연구원과 공주대학교의 시간 강사를 겸임하며 진로를 모색했습니다. 강의는 재미있었고, 학생들 반응도 무척 좋았습니다. 하지만 대학교에서는 '나이 많은 여자 박사'를 별로 달가워하지 않더군요. 그래서 1997년 7월 연구개발정보센터의 정식 연구원으로 입소하게 되었습니다. 이후 한민족과학기술자네트워크 지원단장, 동향정보 분석실장, 해외정보실장, 지식정보센터장, 정보기술개발단장, 정책연구실장을 거쳐 연구원의 부원장인 선임연구부장에 이르게 되었습니다.

직장에 들어오게 되면 자신이 연구한 분야의 전공을 지속적으로 살릴 수도 있지만, 대부분 그보다 훨씬 다양한 일을 하게 됩니다. 이때 가장 중요한 것이 바로 기본 지식이라고 생각합니다. 자신이 전공하고 논문을 쓴 분야뿐 아니라 관련된 유사 분야의 지식을 폭넓게 가지고 있으면 다양한 임무가 주어졌을 때 해당 업무를 더욱 깊이 있게 이해하고 빠르게 적응하여, 전문적인 해법을 제시할 수 있습니다.

컴퓨터를 공부하려는 학생들에게

제 이야기만 하면 이 글을 읽는 분들께 아무런 도움도 되지 않을 것 같아 컴퓨터에 관심이 있고 공부를 하고자 하는 분들께 예전에 썼던 멘토링 레터를 정리하여 다시 한 번 전하고자 합니다.

2004년 경제 전문지 《포춘 Fortune》은 '세계에서 가장 영향력 있는 여성 CEO'로 이베이의 멕 휘트먼 회장을 선정했습니다. 이전에는 HP의

칼리 피오리나 회장이 대표 주자였지요. 이처럼 일반인에게 가장 널리 알려진 여성 CEO는 IT 기업에서 배출되고 있습니다. 국내외를 막론하고 여성의 진출이 두드러지는 분야가 바로 IT 분야인 셈이죠. e비즈북스 블로그의 2011년 1월 게시물에 의하면 현재 IT 업계에서 활동하고 있는 여성 CEO는 약 400명가량으로 전체 CEO의 약 5퍼센트에 해당하고, 이는 다른 분야에 비해 매우 높은 비율이라고 합니다. 더구나, 여성 CEO가 운영하는 기업이 상대적으로 큰 성장을 이루고 있어 IT 업계에서 차지하는 실질적인 비중이나 위상, 영향력은 이보다 훨씬 크다고 볼 수 있습니다.

여성들이 유독 IT 업계에서 CEO로서 두드러진 활약을 보이는 데에는 여러 가지 이유가 있을 수 있지만, IT 분야가 학력과 성별 차이에 따른 진입 장벽이 타 분야에 비해 낮기 때문이라는 분석이 지배적입니다. 실력을 쌓으면 여성에게도 많은 기회가 보장되는 곳이 바로 IT 분야라는 것이죠.

그런데 여기에는 중요한 가정이 있습니다. 바로 '실력을 쌓으면'이라는 말입니다. 여러분이 학부 시절에 해야 할 일은 바로 실력을 위한 기본기를 탄탄히 쌓는 일입니다. IT 관련 학부에서는 다양한 기본 과목들을 배웁니다. 컴퓨터의 작동 원리부터 시작하여 기본이 되는 물리나 전자기학을 배우기도 하고, 컴퓨터 프로그래밍을 잘하기 위해 수학적으로 모델링하는 일, 논리적이고 체계적으로 사고하는 법도 배우죠. 오랜 시간 축적되어온 다양한 문제 해결 기법들을 배우기도 합니다. 이런 기본 지식은 나중에 실질적인 문제를 풀어야 할 때 남들보다 한 걸음 더 나아가고 한 뼘 더 깊이 들어간 해결 방법을 찾아내는 데 큰 도움이 된답니다. 취업을 위한 영어 공부와 스펙 관리도 중요하지만, 여러분이 꿈을 더 크게 가지고 있다면 이러한 기본기를 익히는 데 시간을 투자할 것을 권합니다.

또한 두려움을 떨치는 것이 중요해요. 여학생들은 프로그래밍에 막연한 거부감과 두려움을 가지고 있습니다. 물론 저도 그렇고요. 여성의 특징은 상대방을 이해하고 배려하고 소통하는 것인데, 이 컴퓨터란 녀석은 아무런 말도 없거든요. 조그만 실수와 오차도 허용하지 않고 그냥 멈춰버리거나 전혀 엉뚱한 답을 내놓기도 합니다. 하지만 여러분이 IT 분야에서 성공하고 싶으면 직접 프로그램을 해서 두려움을 극복해야 합니다. 대화할 때 가장 어려운 상대가 아무런 말도 하지 않는 사람이죠. 그런데 사용하는 언어가 달라서 말도 안 통하면 더 어렵겠죠? 우선 언어를 잘 습득해야 합니다. 컴퓨터가 유일하게 이해하는 말이니까요. 그다음에는 어린아이 달래듯이 차근차근 이야기를 나누어보세요. 엉뚱한 소리를 하면 "여기가 틀렸니?" 하고 물어봐야죠. 어디까지 잘 되었고 어디부터 어긋났는지 그 포인트를 찾아서 중간마다 확인도 해봐야 하고요. 이렇게 두려움을 떨쳐버리고 나면 컴퓨터라는 아이가 좋아지게 되고, 그다음에는 대가들이 하는 예술처럼 정말 멋진 프로그램들을 하나하나 해보고 싶어질 겁니다.

컴퓨터는 기본적으로 사람을 위해 만들어진 기계입니다. 사람이 편리하기 위해, 사람 대신 복잡하고 지루한 일을 시키기 위해, 사람을 즐겁게 해주기 위해 우리는 컴퓨터를 사용하고 프로그램을 개발하죠. 그래서 컴퓨터 프로그래밍을 할 때 제일 먼저 고려해야 하는 것이 '이 프로그램을 누가 어떤 목적으로 사용할까?' 하는 점입니다. 그렇기 때문에 컴퓨터 프로그래밍을 개발하고 기획하는 사람들은 사람에 대한 관심을 가져야 합니다. 사람에 대한 관심은 곧, 사람이 살아가는 사회에 대한 관심이기도 하죠. 폭넓은 독서와 시사 탐구는 사람과 사회를 이해하는 데 큰 도움을 줄 것입니다.

두려움 없이 모든 산을 올라보라

다시 처음으로 돌아가 보죠. "Climb every mountain, follow every byway!" 여기저기 집적거리라는 말이 아닙니다. 한 우물을 파는 것도 중요하지만, 한 우물에 집착하는 것도 위험하다는 말을 하고 싶은 거예

제44회(2011년) 과학기술의 날 과학기술훈장 진보장에 서훈되었다.

1 | 여성, 공학으로 세상의 한계를 뛰어넘다

요. 새로운 산에 도전하는 것을 두려워하지 마세요. 그리고 너무 늦었다고 생각하지도 마세요. 제가 지금의 제 분야를 찾은 건 대학을 졸업하고 대학원을 중퇴하고 1년간의 방황을 겪은 다음이었답니다. 그리고 여러 산을 오르려면 기초 체력이 중요하다는 말을 하고 싶어요. 어린 시절부터 너무 구체적인 목표를 정하고 선택의 폭을 좁혀놓으면, 현실적인 문제에 봉착했을 때 조그만 실수나 오차도 큰 걸림돌이 될 수밖에 없습니다. 지금 당장은 필요 없어 보일지 몰라도 대학 시절에 습득한 기본 지식과 소양은 여러분이 한 분야의 리더가 될 때 큰 힘이 되어줄 거예요. 글을 쓰고 나니, 정말 누구나 다 아는 하나 마나 한 이야기를 한 것 같아 조금 부끄럽네요. 그리고 어떤 부분은 저도 극복하지 못한 것이거든요. 그래서 여러분께 더욱 권하고 싶습니다. 저보다 훨씬 더 가능성이 있는 미래의 꿈나무들이니까요. 여러분 가운데 세계를 깜짝 놀라게 할 인재가 나오기를 기원하며 제 이야기는 여기서 마칩니다.

宋喜卿

송 희 경　1987년 이화여자대학교 전자계산학과를 졸업하고, 2004년 아주대학교 정보통신 대학교 정보관리학과에서 석사 과정을, 2010년 카이스트 테크노경영대학원 Executive MBA 경영학 석사 과정을 밟았다. 1987년 대우그룹에 공채로 입사하여 대우전자 소프트웨어개발부 연구원을 거쳐 1994년부터 2012년 9월까지 대우정보시스템 CTO 및 서비스사업단장 겸 상무로 재직했다. 현재 KT 시스템사업본부 소프트웨어개발센터장이자 상무로 재직 중이다.

송 희 경

역경과
함께하는
희망

세계 경영의 희망과 좌절, 그리고 자립

1987년 이화여대 전자계산학과를 졸업하면서, 당시 재계 서열 2위였던 대우그룹 공채 사원으로 입사하게 되었다. 대우그룹은 당시에 대학교를 졸업한 여학생들에게 남학생들과 동등하게 공채 기회를 제공했던 유일한 그룹이어서 많은 이공계와 문과 여학생들이 졸업과 동시에 취업하여 대규모의 사업장에서 일하게 되었다.

당시 대우그룹은 세계 경영을 위해서 수출 라인업을 대대적으로 구축하는 사업 활황의 시기였고 선박 건조, 자동차 제조, 전자 상품, 건설, 무역, 통신 사업 등 국가 산업의 기반이 되는 제조업을 중심으로 엄청난 발전과 확장을 하고 있었다. 나는 대우전자의 소프트웨어 개발팀에 발령받았다. 당시는 국내에 퍼스널 컴퓨터가 막 도입되던 시기로 때마침 발령받은 곳에서 퍼스널 컴퓨터를 제조하는 전 과정과 더불어 ROM BIOS, 시스템 소프트웨어, 응용 소프트웨어를 개발하는 기술 등을 습득할 수 있었다. 그때의 기술 경험은 내게 매우 중요한 지식이자 자산이 되었다.

1994년, 대우그룹의 전 계열사에 소속되어 있던 전산실을 통합해서 만든 대우정보시스템 기술연구소로 이동하게 되었다. 그즈음 대우그룹은 산업이 날로 발전하고 기업의 규모가 커지면서 사업장 또한 확대되어 사업장이 물리적으로 분산되기 시작했다. 따라서 물리적으로 분산된 사업장 간의 종이 문서 전달과 의사소통에 많은 시간이 걸리고 오류가 생기면서 문제가 되고 있었다. 나는 이러한 문제점을 개선할 수 있는 기능으로 메일, 업무 연락, 게시판, 전자 결재 등을 온라인 시스템으로 해결하도록 하는 당시로는 획기적인 그룹웨어 시스템을 개발했다. 그동안의 개발 경험으로 개발팀의 리더가 되었고, 직접 메일 엔진을 설계하고 개발하고 응용 기능을 만들어 성공적인 시스템을 만들었다. 시스템이 성공적으로 완료되자 곧 대우자동차에 그 시스템을 구축하는 거대한 프로젝트를 맡게 되는 운도 따랐다.

그때까지 단순한 응용 시스템 개발자였던 나는 직원들과 함께 개발한 그룹웨어 시스템이 현장에 활용된다는 사실에 흥분했다. 그것은 우리에게는 엄청난 시험의 무대였다. 그런데 다행히도 우리가 구축한 그룹웨어 시스템은 만 명 이상의 근로자가 동시에 접속하여 메일과 공지 사항을 읽어도 문제가 생기지 않을 뿐 아니라 다양한 응용 기능으로 사무 기능을 도울 수 있었다. 덕분에 매우 유용하고 좋은 시스템으로 인정받게 되었다. 뒤이어 대우자동차의 루마니아 사무소, 폴란드 사무소 등에 구축하여 해외 사업장에서도 사용할 수 있는 시스템으로 인정받았다. "아, 소프트웨어도 수출할 수 있다. 세계 경영에 기여할 수 있다!" 하늘을 찌를 듯한 자긍심이 밀려왔다.

그 이후에도 나는 여러 가지 시스템을 개발했고 수출을 하기 위해 여러 각도로 노력했다. 1999년 가을은 휴대전화를 통한 데이터 무선 이동 통신이 1.5 세대였던 시기였다. 일본 도쿄 도시바 본사에서 우리가 직접 개발한 데이터 게이트웨이 시스템 기술을 이용하여 어떻게 중국 시장을 공략할지, 반일 감정이 심한 중국에 대우그룹이 구축하여 놓은 수출 벨트를 이용하여 어떻게 진출할지, 그러기 위해 얼마만큼의 투자를 도시바로부터 받을지를 논의하던 때였다. 그때 도시바 본사의 휴게실 텔레비전 뉴스에서 '대우그룹 사태'가 속보로 방송되기 시작했다. 불행하게도 그리고 아쉽게도 그 이후 모든 것이 그저 막막한 내리막길이었다. 나는 당시 과장에 불과했지만, 대우그룹이 붕괴되고 몸담고 있는 대우정보시스템이 법정 관리가 아닌 독립 회사로 새로운 출발을 할 수 있게 되었다는 것이 그나마 다행이라는 사실을 받아들이는 데까지 마음에 여러 가지 상처가 생겼다.

그러나 그것은 시작에 불과했다. 지금까지도 재벌 그룹의 계열사가 아닌 독립된 SI System Integration, 시스템 통합 회사로 척박한 국내 소프트웨어 시장에서 살아남기 위해서 많은 시련을 겪었다. 시련을 극복하기 위해 직원들과 함께 노력한 시간은 전쟁의 연속이었다. 어린 내게 세계 경영의 꿈과 대우 수출 벨트의 도전을 심어주었던 힘찬 출발은 예기치 않았던 큰 좌절로 상처 입었지만, 새로운 자립이라는 과제를 통해 더욱 성숙한 전문가로서 혁신할 수 있는 계기가 되었다. 나아가 기업 경영 원칙과

직원들에게 철저한 기술을 가르치는 선배가 되기 위해 현장에서 뛰며 솔선수범한다..

지속 경영을 위해 무엇이 필요한지에 대해 거시적인 관점을 가지게 된 시간이어서, 이 또한 회사로부터 입은 은덕으로 생각하고 있다.

새로운 도전을 좋아하던 학생, 컴퓨터에 낚이다!

사실 내가 컴퓨터를 전공하리라고는 꿈에도 생각하지 못했다. 고등학교 시절 방송반이었고 기타 연주와 노래를 좋아하던 나는 다분히 문과적인 체질이었다. 팝송을 즐겨 듣고, 시와 소설 쓰기를 좋아했던 나였

1 ｜ 여성, 공학으로 세상의 한계를 뛰어넘다

다. 그런데 어느 날, 전산학과에 입학한 선배가 학교 방문을 하면서 내 인생이 바뀌었다. 전산학과 선배와 대화의 시간이 나에게 역사적인 사건이 되고 만 것이다.

그 선배가 하는 말을 하나도 알아들을 수가 없었다. "컴퓨터가 뭘 한다는 거야?" 잘 모르는 전문 분야인데도 새로운 용어와 새로운 세상에 대한 예상이 내 머릿속을 떠나질 않았다. 사람이 하는 일을 대신할 뿐 아니라 더 빨리, 더 정확하게 하며 더욱 편리한 세상을 만들 수 있는 가장 유용한 도구가 컴퓨터라고 했다. 궁금했다. 새로운 분야에 흥미가 생겼다. 많은 사람이 하지 않는 일이기에 도전하기로 결심했다.

치의예과를 나와서 의사가 되든지, 수학교육학과를 나와서 선생님이 되는 게 여자에게 제일 좋은 직업이라는 부모님의 강도 높은 권유를 뿌리치고, 나는 이화여대 전자계산학과를 선택했다. 아직 졸업생도 배출하지 않은 신설학과에 겁도 없이 입학하고 나니 정말 모든 게 서툴고 앞이 깜깜했다. 역사가 오래지 않으니 시험에 대한 족보도 거의 없었고 졸업생이 없으니 어떤 직업을 가질 수 있는지 몰랐으며, 프로그램을 할 수 있는 곳은 오로지 실습실밖에 없으니 학교 외에는 지식을 습득할 수 있는 곳이 없었다. 학교생활 4년 동안 많이 방황했다. 도저히 내가 꿈꿔온 컴퓨터를 만날 수 없었기 때문이다. 데이터 구조Data Structure는 왜 배워야 하는지, 집합론과 알고리즘은 컴퓨터와 무슨 상관인지 알 수 없었다.

그런데 졸업 무렵 내 머릿속을 번쩍이며 지나가는 한마디가 있었다. "모든 것이 이제 시작이며 4년 동안 배운 것은 내가 성장할 수 있는 영양분이며 기초가 되는 토양이다." 컴퓨터를 이용하면 무궁무진한 프로그램을 만들어낼 수 있고, 사람이 하는 일을 잘 분석하다 보면 컴퓨터에 어떠한 일을 시킬 수 있을지 분석이 되고 그것을 설계하고 프로그램해서 실행하면 결과를 분명히 얻을 수 있을 거라는 희망이 생겼다. 4년을 고민하고 방황하며 얻은 결론은 앞으로의 희망이었다.

소스 코드와 함께한 신혼

회사에 입사해 차장이 될 때까지 나는 무수한 프로그램을 만들었다. 기업이 해야 하는 다양한 업무를 전산화하기 위한 프로그램에서부터 PC를 생산해서 판매하는 데 필요한 시스템 소프트웨어 프로그램을 개발하는 일, 공장의 여러 기계를 제어하는 프로그램과 통장의 내역을 찍어내는 프린트 제어 프로그램을 개발하는 일 등 셀 수도 없는 많은 프로그램을 개발했다. 신기한 것은 몹시도 재미있었다는 거였다.

내가 개발한 프로그램을 실행하여 직원들 월급을 주고, 또 내가 개발한 프로그램을 지방의 농협에 팔아서 농협의 많은 고객이 자신의 저금통장 내역을 인쇄하게 되고, 공장의 벨트에 오른 물건이나 부품이 지나가는 것을 제어해서 수량을 계산하여 판매처로 내보내기도 했다. 내가 그런 일들을 하게 된 것이다. 꿈꿔왔던 컴퓨터의 역할이 눈에 보이기 시작했다.

회사에서 있는 시간이 정말 빨리 흘러갔고, 굉장히 재미있었다. 하루하루 배워나가는 게 눈에 보였고, 그것이 실제 프로그램으로 만들어질 때의 희열은 참으로 말로 설명할 수 없이 달콤했다. 대학교 4년 동

　　　　1 ｜ 여성, 공학으로 세상의 한계를 뛰어넘다

안 왜 배우는지 몰랐던 데이터 구조가 그렇게 도움이 되는지 그전에 어떻게 상상할 수 있었겠는가? 물론 프로그램하는 시간이 짜증스러울 때도 있었다. 좀 더 구조적으로 프로그램을 하기 위해서 새로운 프로그래밍 언어로 도전할 때, 어려운 업무를 개선하는 프로그램을 짤 때, 너무 쉬운 프로그램인데 오류가 없어지지 않는 이유를 모를 때 특히 그랬다.

회사에 입사한 이듬해에 나는 비교적 빠른 나이에 결혼을 했다. 그 당시만 해도 여사원이 결혼하면 회사를 나가는 것이 관례였는데, 거의 신입사원에 불과했지만 여러 선배들의 따가운 눈총에 아랑곳없이 관례 따위에는 얽매이지 않고 오히려 더 씩씩하게 회사 생활을 해나갔다. 그리고 선배들과 동료들 특히 상사에게 더욱더 좋은 성과를 보여주기 위해 컴퓨터를 장만해서 집에 두었다. 회사에서 못 다한 일을 집에 가져가서 했던 것이다.

지금 돌이켜보면 다소 과한 일 욕심이라고 생각되지만 프로그램 전문가가 되고 그것을 회사에서 인정받기 위해 내가 택한 길이었다. 신혼을 소스 코드와 함께한 것을 지금도 후회하지 않는다. 오히려 그 시절의 열정은 가끔 꺼내어보는 소중한 보물이 되었다. 최고의 프로그램 전문가가 될 거라는 야무진 꿈과 희망이 나의 24시간을 함께한 때였기 때문이다.

고생 뒤 달콤한 열매, 기술사와 감리사

프로그램 개발 능력을 인정받고 난 뒤, 나는 컴퓨터가 제공할 수 있는 여러 가지의 서비스에 대해 깊이 생각하게 되었다. 또 차장으로 진급하고 팀장을 맡게 되면서 관리자로서 서비스의 기능과 목적을 기획하는 일을 하게 되었다. 어떠한 컴퓨팅 서비스가 기업과 공공 기관에 활용될지, 사회와 조직에 어떤 서비스가 필요한지 생각하게 되었다. 글로벌 시대가 열리고 사회가 비대해지고 급속하게 변화하면서 컴퓨팅과 네트워크가 협력하는 IT 서비스에 대한 기대감이 커졌다. 정보 혁신의 시대, 디지털 이코노믹스 시대가 온 것이다. 컴퓨터공학도였고 프로그램을 전문적으로 개발해오던 나는 더욱 넓은 시각과 견문을 넓히지 않으면 안 되었다.

경영을 지원하기 위한 IT 서비스의 역할이 강화되기 시작하자 너도나도 앞다투어 거대 규모의 IT 서비스 개발을 추진했다. 그러다 보니 기능이 복잡하고 많아졌으며 연관되는 시스템이 여러 개로 늘어나서 전체 서비스는 매우 광대하고 복잡하게 되었다. 이것은 다시 말해 개발에 참여하는 사람들이 많다 보니 제대로 된 프로그램 개발 프로세스를 따라가거나, 시스템의 성능을 보장하는 프로그램을 개발하기에는 많은 문제점이 생겼다는 뜻이다.

또한 서비스를 사용하려는 사람도 다양하다 보니 수많은 요구 사항이 생겨 모든 요구를 서비스에 담기란 매우 어려웠다. 그래서 국가가 인정하고 수여하는 정보 관리 기술사와 감리사에 도전하게 되었다. 기술사는 IT 서비스에 관련된 최고의 기술을 가진 전문가로 대한민국이 인정하는 자격증이다. 감리사 또한 국가 기관이 인정하는 전문 자격증으로, 기획되고 개발되는 IT 서비스를 전체적으로 조망하면서 적정성과 적합성을 판단하여 시스템을 판단할 수 있는 전문가 자격증이다.

　　　　　　　1 ｜ 여성, 공학으로 세상의 한계를 뛰어넘다

1999년 회사의 많은 사람이 감리사에 도전했다. 1차 실기시험과 2차 구술시험을 치르는 과정에서 나는 전산의 기초 공부와 그동안 밤을 새워가며 했던 프로그래밍 기술들이 내게 얼마나 중요한 경험과 지식이 있는지 깨달았다. 실전 경험이 많았던 나는 많은 지원자를 물리치고 당당하게 회사에서 유일하게 합격하는 영광을 안았고, 대우그룹에서 첫 번째 정보관리감리사로서 대대적인 인정을 받을 수 있었다.

2002년 내친김에 기술사에 도전하기로 했다. 모두들 기술사 자격증을 따기 매우 어려울 것이라 했다. 나는 조금 더 큰 시야로 IT 서비스를 볼 수 있는 전문가와 관리자가 되기 위해서는 반드시 필요한 자격증임을 알고 있었지만, 시댁에 살며 시부모님께 아이 둘의 양육을 맡기고 있는 처지에 공부 시간을 낸다는 것은 매우 힘든 결정이었다. 그러나 부모님과 모든 가족이 응원해주어서 매일 새벽 5시에 집에서 나서서 회사로 갔다. 시험에 여러 번 도전할 수 있는 형편도 아니었기에 실패하지 않기 위해서 공부할 수 있는 시간을 새벽으로 정했다. 아무도 출근하지 않는 회사에서 동이 트는 것을 보며 공부했고, 내가 가진 실전의 경험들을 어떻게 나만의 완성된 답으로 기술하는지에 대해 생각하고 또 생각했다.

그렇게 공부한 지 4개월 만에 시험에 도전했고 1차 실기시험과 2차 구술시험과 면접시험을 무난히 통과하여 기술사 자격증을 취득하게 되었다. 한 번에 기술사를 다 통과하는 사람이 많지 않았고 1년에 고작해야 10여 명 정도를 뽑는 관문이기에 시험 결과는 내게 충만함을 주었다. 가족에게 감사했고, 많은 실전 경험을 하게 해준 회사에 감사했고, 희망을 버리지 않고 도전한 내가 기특했다. 또 한 번의 낮은 산을 넘어 전문적인 기술을 가진 관리자로서 한 단계 도약한 시기였다.

첫 여성 과장에서 첫 여성 임원까지

회사 생활 25년을 돌아보면, 나에게는 늘 붙어 다니는 수식어가 있었다. "어! 보기 드문 여자 과장이네요." "그룹에서 여성 부장은 처음입니다." "여성 임원으로서……."

진급할 때마다 혹은 외부 행사에 참여할 때마다 늘 앞에는 '처음' 아니면 '여성'이라는 수식어가 붙어 다녔다. 과장, 차장 시절에는 대단한 자긍심이 생겼다. '내가 처음이야.' '내가 첫 단추를 끼운 거야.' 그러나 관리자가 되고 다양한 고객을 만나서 IT 서비스를 제공하고 운영해야 하는 활동이 늘어나면서 때로는 나의 행동반경이나 나를 대하는 고객의 인식에 한계나 선입견이 있다는 생각이 들었다.

처음이라는 수식어로 선구자가 되는 자긍심보다는 여성 관리자로서 느끼는 한계를 벗어나야겠다는 생각이 더 간절했다. 대부분의 직원이 남성이고, 대부분의 고객 또한 남성이며, 상사는 모두 예외 없이 남성인 곳에서 내가 가져야 할 가치관과 처세술이 더욱 견고해질 필요를 느꼈다. 왜냐하면 관리자로 점점 올라가기 시작하면서 이러한 관계 간의 문제를 잘 풀지 못해 어려움을 겪기 시작했기 때문이다.

한번은 새로 부임되어 오신 본부장이 나에게 지금 맡고 있는 팀을 내놓고 다른 팀을 맡으라고 한 일이 있었다. 그때 나는 그동안 맡아온 팀에서 내가 하려고 준비해두었던 일들을 할 수 없게 되어 매우 큰 좌절감을 느꼈고 자존심 또한 무척 상했다. 내가 인정받지 못한다고 생각했다. 본부장과 충분한 대화와 조직의 명령임을 받아들이는 과정을 통해 충분히 순화할 수 있었을 일을 그러지 못해 그만 일을 그르치고 말았다. 팀장에서 해임되고 아무런 보직도 받지 못한 채 회사에서 소외된 시간을 보내게 되었던 것이다. 정말이지 큰 고난과 역경의 시간이었다. 회사를 그만두어야 하는지 고민도 했었다. 그러나 그때 힘든 시간은 오히려 내가 무엇을 덜 논의했고 무엇을 덜 생각했는지를 깨닫게 해주었다. 어떠한 어려움도 상사와 동료와 충분한 이해와 대화가 되도록 처신한다면 해결하지 못할 것은 없다고 믿게 되었다. 그 이후 나의 부족한 점을 극복하기 위해 많은 노력을 했다.

직원들에게는 철저한 기술을 가르치는 선배이자, 예외 없는 성과 관리를 통해 일을 성실하게 하는 직원을 대접해주는 관리자가 되기 위해 현장에서 뛰면서 솔선수범했다. 또 회식 자리에서는 '누나' 혹은 '형님'이라는 호칭을 들을 정도로 직원들을 친한 동생처럼 대하려고 노력했다. 잘하지 못하는 술을 마시며 후배들과 어울리면서 사무 시간에는 가질 수 없는 깊이 있는 대화의 시간을 가지려고 노력했다. 서로 이해하는 시간이 깊고 많아질수록 여성 관리자에게 느끼는 빈자리는 없어지고 더욱 서로 의지하는 선후배 관계가 되어가는 것을 느낄 수 있었다.

고객에게는 여성이 가지는 꼼꼼함과 섬세한 관리를 통해 고객 대응 서비스 및 프로젝트를 완벽하게 처리하는 모습을 보여주려고 부단히 노력했다. 나아가 고객의 일을 나의 일이라 생각하고 직원들과 열심히 대응했다. 고객에게 우리 직원들에 대해서 "저 친구 우리 직원 같아요"

2012년 그간의 공로를 인정받아 한국여성정보인협회로부터 상을 수상했다.

라는 이야기를 들을 때가 있는데, 그럴 때면 나는 그저 관리자로서 고객 대응 서비스를 최고로 했다고 자평하기도 했다.

남자 상사와의 관계가 사실상 제일 어려웠다. 나 외에 남자 동료들이 많았기 때문에 늘 순위에서 밀려나기 일쑤였고, 충직한 남자 부하를 선호하는 상사에게 여자 부하 직원인 나는 늘 소외당할 수밖에 없었다. 일과 능력으로 승부하는 것 외에 다른 방법은 없었다. 업무 제안 입찰이나 고객 대응 IT 트렌드 강의나, 고객이 요구하는 시스템을 구축하는 일 등에서 확실한 기술적인 승부수를 띄워야 했다. 제안서는 한 줄 한 줄 끝까지 내가 직접 관리했고 필요하다면 제안 설명회 때 프레젠테이션 또한 직접 하여 사업의 수주를 이끌어냈다. 고객이 원하는 강의나 시스템 구축을 완벽하게 해내기 위해 많은 시간을 할애했다. 그 덕분에

　　1 ｜ 여성, 공학으로 세상의 한계를 뛰어넘다

남자 상사들은 전략적이고 어려운 과제를 내게 던져주었고 나는 그것을 해내면서 더욱 견고한 기술적 기반을 쌓고, 직원들을 어려움 속에서도 이끌 수 있는 관리자의 능력 기반도 성립해갔다. 내 별명은 그래서 '잡초', '송다르크', '뜨거운 감자'가 되었다.

물론 남자 상사의 의도와 여러 가지 주변의 환경을 잘못 이해하는 부분도 있었을 거로 생각한다. 2~3년간의 군대 생활을 한 적도 없고, 식구들을 먹여 살려야 하는 가장으로서 깊은 고뇌를 100퍼센트 느끼지 못했을 수도 있다. 남성 사회가 가지는 특수한 상하 관계나 여러 가지 고려할 상황이 존재하는 것은 인정하지만 세계무대를 향해 경쟁력을 키워나가야 하는 것이 기업 성공의 필요조건이라면 더더욱 남성과 여성의 문화적인 차이를 서로 이해하고 배려해야 한다. 그러는 기업만이 성공의 길을 걸을 수 있다는 신념은 그때나 지금이나 변함이 없다.

만사가 인사이고 인지상정이라고 서로 간의 차이를 조금씩 이해하기 위해 노력하는 것이 우선이다. 특히 여성 공학도 후배들에게 당부하고 싶은 것이 있다. 여성으로서 피해 의식만 갖지 말고 주어지는 혜택도 있음을 마음에 새기고, 가장으로서 생계의 책임을 깊이 지는 남성의 입장을 이해하는 것에 인색하지 말기를 바란다.

MBA를 통한 경영 수업과 새로운 도전에 희망을 건다

임원으로 발령받은 이후, 회사는 나에게 더욱더 큰 시야를 갖고 거시적인 기업 경영을 학습하도록 권유했다. 프로그램 개발자의 길을 걸어온 내가 한 기업의 임원으로서 해야 할 일은 기업의 손익과 미래의 가치 창출, 혁신을 통한 기업의 개선, 경쟁자와의 간격을 더욱 넓히기 위해 진입 장벽을 높이 세우는 작업 등이었다. 이에 대해 전략적이고 전술적인 자세와 행동을 요구한 것이다. 나 또한 임원 교육과 임원의 행동 지침 등에 대한 많은 정보와 서적을 접하면서 더욱더 전문적인 학습이 필요하다고 느꼈다.

그 무렵 회사는 나에게 카이스트 테크노경영대학원 경영정보학 석사 과정인 경영자 MBA 코스에 입학하여 공부하도록 지원해주었다. 2년간 금요일 오후와 토요일 온종일 시간을 내어야 했기에 회사 일과 병행하기란 시간적으로 매우 벅찼다. 선진 기업의 성공 사례, 조직 관리 방법론, 고객 관리학, 기업 재무 회계, 재무적 관점의 전략적 사고, 협상, 거시적 경제학, 정보 경영 등 많은 학과목을 수강하고 리포트를 제출하는

카이스트 MBA 과정을 통하여 프로그램 개발자에서 관리자로, 그리고 임원으로 성장할 수 있었다.

일이 반복되었다. 영어 강의를 수강해야 했으며, 많은 양의 영어 자료를 일주일 동안 읽고 리포트를 내야 하는 매우 고된 상황도 있었다. 미국 USC 경영대학원과 스페인의 마드리드 경영대학원에서 각각 2주 동안 받은 현장 학습도 내게는 힘든 과정이었지만 성장할 수 있는 최고의 기회였다.

많이 배웠고 많이 고민하게 되었으며 프로그램 개발자에서 관리자로, 그리고 임원으로 성장한 내가 회사와 사회와 국가에 어떤 사람이 되어야 하는지 가슴 깊이 새기게 된 시간이었다.

기업은 이익을 남겨야 하는 집단이며 남긴 이익은 다시 사회에 적절히 환원하여 기업의 사회적 책임을 다함으로써 더욱 성장하는 견고한 기업이 된다. 사회와 국가는 기업의 크고 작음, 재벌 기업과 재벌이 아닌 기업에 상관없이 기업의 경쟁력을 키워줄 인프라를 마련하고 지원해야 한다. 특히 중소기업이나 중견 업체의 성장을 지원하는 국가적 시스템이 있어야 많은 젊은이들의 다양한 직업 선택과 전문가로서의 성장을 약속할 수 있다. 나와 그리고 많은 공학도들은 이러한 사회적, 국가적인 메커니즘을 더 열심히 파악해야 한다. 우리의 전문적인 공학 기술과 경험 그리고 아이디어가 빛을 발하기 위해서는 기본적으로 기업이 존재해야 하며 우리가 기업이 성장하도록 기여해야 한다. 그 결과로 우리는 더욱 빛나는 공학도가 될 수 있을 것이다.

나아가 국가의 공학 정책을 수립하고 실행해나가는 길에 현장 공학도들의 목소리는 나라의 부흥과 희망의 열매를 만들어가는 열쇠라고 할 수 있다. 희망은 항상 가까이 있고 우리를 기다리고 있다고 믿는다.

韓永信

한영신 상명여자대학교 경제학과를 졸업하고 이화여자대학교 전산정보 공학 석사, 성균관대학교 전기전자컴퓨터공학과 공학 박사 학위를 받았다. 이화여자대학교 컴퓨터그래픽스 & 가상현실 연구센터 박사후연구원을 거쳐 성결대학교 공과대학 멀티미디어공학부 교수를 역임했다. 미국 애리조나 대학교 ACIMS 센터 객원 연구원을 거쳐, 현재 SCS(The Society for Modeling & Simulation International) 회원이며, 한국여성과학기술인총연합회 간사, 한국여성공학기술인협회 이사 등을 맡고 있으며 성균관대학교 반도체시스템공학과 연구 교수로 활동하고 있다.

내 안에서
나 자신을
뛰어넘자

인문사회과학에서 컴퓨터 사이언스로의 전환

대학교수셨던 아버지께서는 딸들에게 항상 성실하고 남을 배려하고 국가의 큰 일꾼이 되라고 말씀하셨다. 그 영향인지 모르지만 나와 여동생은 아버지의 뜻을 따르기 위해 꽤 소문난 모범생으로 자랐다. 내가 학교에 다닐 때 학기 초마다 다른 선생님들은 우리 담임선생님께 "선생님은 좋으시겠어요. 영신이 담임을 하셔서요"라고 이야기하며 부러운 시선을 보내시고는 했다. 그래서인지 수업이 끝나고도 나는 담임선생님 일을 많이 도와드렸다. 일이 끝나면 담임선생님은 나를 포함하여 일을 도와준 학생들을 데리고 학교 앞 분식집에서 떡볶이, 튀김, 쫄면을 사주시고는 했다.

아버지는 전집으로 된 동화책과 위인전을 책꽂이 가득히 채워주셨고, 나와 여동생은 서로 경쟁하듯 빠른 속도로 책을 읽고 난 뒤 각자의 역할을 정하여 마치 책 속의 위인이 된 듯 목에 힘을 주고 큰 소리로 대사를 외치며 놀았다. 지금 생각해보면 어린 시절을 참 재미있게 보낸 것 같다. 중학교 때는 매일 일기를 쓰는 습관 덕분에 이름 있는 신문사에서 작문 상도 여러 번 받았다. 지금 생각하면 일기를 남한테 보인다는 게 상상이 가지 않지만 말이다.

인천의 명문 여고인 인일여고에 우수한 성적으로 입학한 나는 자연스럽게 공부에만 매달렸다. 문과나 이과를 정하는 1학년 학기말이 되자 담임선생님은 사범대를 가라고 하셨지만 부모님은 은근히 의대에 가기를 원하셨고, 나와 친한 친구들도 이과에 많이 지원했다. 나는 우수한 성적이라면 이과에 진학하는 게 좋을 것 같아서 이과에 우등으로 진학했다. 지금 생각하면 나에게는 문과적인 성향도 있었던 것 같다. 부모님의 보이지 않는 엘리트에 대한 집착으로 이른바 SKY 대학을 가기 위해 재수를 하게 되었다. 재수 이후 대학에 진학했지만 결국 과가 적성에 맞지 않아 학업을 중단하고 다시 입시 공부를 해서 경제학과에 입학하게 되었다. 정계에 진출하신 큰아버지 영향도 있었지만 인문사회과학대학에서 내가 좋아하는 수학과 가장 밀접한 학문이 경제학이어서 선택했다.

그 당시에는 각 은행에서 과에 추천서를 보내왔었다. 나는 쉽게 은행에 들어갈 수 있었지만 미국 실리콘벨리에 있는 심소프트의 자회사인 (주)심테크에 연구원으로 입사하게 됐다. 이 사건은 내가 공대로 방향을 트는 계기가 되었다. 지금 생각해도 참 무모했던 것 같다. 여기서 지금 연구하고 있는 시뮬레이션 학문을 접하게 되었지만, 경제학 출신인 내게 소프트웨어 기술은 너무나 어려운 것이 현실이었다. 좀 더 체

1 | 여성, 공학으로 세상의 한계를 뛰어넘다

계적인 공부가 필요하다고 판단한 나는 이화여대 김명희 교수님의 시뮬레이션 연구실에 석사로 입학하였다. 2년간 기숙사에 머물면서 학기마다 학부 수업을 두 과목씩 청강하며 본격적으로 전산 공부를 시작했다. 우여곡절 끝에 반도체 공정 시뮬레이션으로 공학 석사 학위를 받았다. 이 시점이 경제 학사에서 공학 석사로 변하는 전환점이 되었다. 학위를 받고 나니 대학에서 시간 강의를 맡아 달라는 요청이 있어 처음으로 강단에 서게 되었다. 처음부터 교수가 될 생각은 없었다. 자연스레 여기까지 오게 된 것 같다.

반도체 공정 최적화 시뮬레이션을 연구하다

대학 전공을 바꾸다 보니 나이가 남보다 많아 이화여대 박사 과정을 포기해야만 했다. 당시만 해도 이화여대에서 박사 과정은 6년이 평균이라 김명희 교수님은 성균관대 이칠기 교수님의 시뮬레이션 연구실을 추천해주셨다. 3년 만에 공학 박사 학위를 받았는데 이것이 대학교수로 지원할 때 마이너스 요인이 될 줄은 꿈에도 몰랐다. 여대만 다니다가 남녀공학을 다니니 새삼스러웠다. 당시만 해도 각 연구실에 석·박사 과정을 밟는 여학생들이 매우 적어 눈에 확 띄었다. 더군다나 전기전자 컴퓨터공학부였으니 여학생은 더더욱 찾아보기 어려웠다.

박사 지도 교수였던 이칠기 교수님은 당시 삼성전자 반도체 공정 시뮬레이션 프로젝트를 진행하고 계셔서 기흥에 있는 삼성 반도체 공장에 견학을 가는 일이 잦았다. 실무 담당자가 화장을 지우고 방진복으로 갈아입고 진공 상태에서 소독을 하고 들어가라고 했던 기억이 난다. 그만큼 미세 먼지에 민감한 웨이퍼^{wafer}였던 것이다. 박사 과정 때는 논문을 많이 써야 하기 때문에 프로젝트가 하나 끝나면 반드시 석사생과 함께 논문을 쓰기 시작했다. 한국시뮬레이션학회에 반도체 공정 시뮬레이션 쪽으로 많은 논문을 제출했다. 국내는 물론 외국 학회에도 자주 참석을 해 시야가 넓어지는 시기였다. 박사를 졸업하고 한국과학재단 박사후연구 사업에 추천을 받아 이화여대 컴퓨터그래픽스 & 가상현실 연구센터에서 박사후연구원^{postdoctor}으로 1년간 연구를 하게 되었다.

WISE, WiTeck과의 인연

이화여대 박사후연구원 연구 기간에 애리조나 대학교 지글러 교수님 연구 센터로 박사후연구원으로 갈 준비를 하고 있었다. 하지만 성결대학교 멀티미디어학과 교수로 채용되어 2년간 강의 준비와 제안서 준비 등 과 발전을 위해 아주 바쁜 나날을 보내게 되었고, 인일여고 선배인 인하대학교 최순자 교수님을 만나게 되어 자연스럽게 WISE^{Women into Science Engineering} 사업과 WiTeck^{Women in Science, Engineering and Technology in Korea} 초창기 회원으로 활동하게 되었다. 여성 공학 기술인과 초·중·고 여학생의 이공계로의 진학을 위해 여러 사업을 공동으로 연구하게 된 것이다. WiTeck은 공학 기술계의 산업 현장과 공공 기관에서 일하고 있는 우수 여성 공학 기술 인력 양성과 그 활용 방안을 모색하고 있다.

WISE 사업은 대학과 연구 기관 등이 갖고 있는 풍부한 양의 자원을 활용하여 수학과 과학 분야에 재능 있는 여학생들에게 동기를 유발하고 이공 계열로 진학하도록 유도하며, 이 분야에서 탄탄한 예비 과학

WiTeck은 여성 공학 기술인과 초중고 여학생의 이공계 진학을 위해 여러 사업을 추진하고 있다.

기술인으로 성장하도록 지원하는 프로그램이다. 역할 모델이 되는 여성 과학자들과 밀접한 상호 작용을 통해 탄탄한 과학 기술인으로서의 자질을 쌓아가게 하는 각종 지원 프로그램이라 할 수 있다. 또한 여성 과학 기술인들을 하나로 결속하여 여성의 진출이 저조한 과학 기술 분야에서 여성의 역할을 증대하기 위한 다각도의 인적 네트워킹이며 지원 체계다. 이 사업을 하면서 이공계에 관심이 있는 학생들과 좋은 선생님들을 많이 만났다.

마침 2007년 겨울 방학 동안 WIST(현재는 WISET으로 명칭 변경) 사업 중 국외 선진 사례조사 연구로 애리조나 대학교의 WISE 프로그램을 벤치마킹할 기회가 있었다. 애리조나 대학교의 WISE 센터를 방문하고 인터뷰와 워크숍을 통해 우리나라 여학생들에게 좀 더 나은 정책을 벤치마킹하는 것이 연구 과제의 목표였다. 애리조나 대학교의 WISE 센터는 여성학 쪽으로 활발한 연구가 이루어지고 있었으며 1976년부터 프로그램을 진행하고 있었다. 따라서 여기서 진행되는 모든 프로그램은 모니터링되어 있었다. 여학생들은 하루 동안 여성 과학자와 엔지니어들과 같이 보내면서 실제로 그들의 일을 이해하게 되어 나중에 몇몇은 실제로 회사에서 인턴십을 경험하게 된다. 또한 현직에 있는 선생님들을 훈련하여 많은 여학생을 이공계 쪽으로 진학하게 유도하고 있다. 멕시코와의 국경과 가깝다는 지리적인 이유로 많은 이민 여성에게도 교육의 기회와 권리를 보장하는 정책이 지속해서 진행되고 있다. 또한 미국 애리조나 대학교의 WISE 센터 외에 SIROW^{The Southwest Institute for Research on Women}, 명예의여성광장^{Women's Plaza of Honor}, 여성연구자문위원회^{The Women's Studies Advisory Council}에서 진행하고 있는 여학생을 위한 프로그램을 살펴보고 워크숍에 참여하여 학술계 여성 과학 기술인의 취업과 멘토링 정보와 자료를 수집하고 WISE 센터를 방문하여 프로그램 코디네이터와 인터뷰를 진행하고 자료를 수집했다.

WISE 센터는 과학, 기술, 공학, 수학 분야로 여성의 진출을 도와주며 동기부여를 하고 질 높은 과학자와 공학도를 육성하며 지원하고 있다. 또한 지역 사회의 발전을 위해서 이공계 여학생 수를 늘리고 소개부터 고용까지 지원하며 많은 기회를 주고, WISE 프로그램의 효율성과 설계 정보 자료를 수집한다. 어린 소녀들이 고등학교 때 수학이나 과학 과목을 듣도록 장려한다. 더 나아가 그들이 장래에 수학과 과학을 기반으로 하는 직업을 갖도록 한다. 여학생들에게 지속적인 관심을 가지고 계속 지원하며 그들이 자신들이 갖고 있는 잠재력을 성취하도록 돕는다. 또한 학과에 여학생이 적어도 그 적은 수의 여학생을 다 모아서 그들을 지원하는 커뮤니티를 만들어 외로움을 느끼지 않고 나중에 질 높은 연구를 할 수 있게 지원하고 있다. 입학 후에도 이들만의 기숙사를 만들어 선후배가 서로 멘토와 멘티가 되어 외로움을 극복하고 나아가 그들의 연구에 창의력을 발휘하여 전문적인 엔지니어로 성공을 이루는 데 뒷받침이 되게 한다. 선배에게 도움을 얻은 후배가 다시 다른 후배에게 멘토가 되도록 지속적인 네트워크를 통해 관심을 갖게 한다.

현재 우리나라는 이공계 기피 현상이 매우 심각하다. 하물며 여학생들의 진학률은 해마다 떨어지고 있다. 따라서 이와 같은 정책을 벤치마킹한다면 심각한 이공계 기피 현상을 막을 수 있을 것이다. 하루아침에 여성 과학 기술 인력이 배출되는 것이 아닌 만큼 미래를 보고 계속해서 차세대 여성 과학인들을 육성하고 이공계에서 여성이 즐겁게 일할 수 있는 문화를 조성하는 게 근본적인 대안이라고 생각한다.

DEVS를 연구하러 애리조나 대학으로

성결대학교에 재직할 때 국방 M&S 심사를 맡게 됐다. 지금 생각해보니 그때 시뮬레이션을 전공한 여자 교수들이 과제에 모두 참석하는 바람에 내게 심사 요청이 온 게 아닌가 싶다. 심사는 이틀에 걸쳐서 숙박을 하면서 외부와의 접촉을 끊은 채로 진행됐다. 심사하는 동안 카이스트 김탁곤 교수님의 DEVS^{Discrete Event System Specification} 방법론 강의를 들

미국 애리조나 대학교 ACIMS센터로 DEVS를 연구하러 떠났다(연구실 박사들과 함께).

었다. 심사 후 5개월 만에 그동안 천천히 준비한 서류를 갖고 시뮬레이션의 대가이신 미국 애리조나 대학교 지글러 교수님 ACIMS 센터에 객원 연구원으로 떠났다. 열정만으로 성결대학교에 사표를 내고 많은 나이에도 미래에 대한 보장이 없는 힘든 연구자의 길로 떠나게 됐다. 애리조나 투산 공항에 내리자마자 숨이 막히는 사막 기후를 경험했다. 내 앞날을 내다보는 것 같았다. 지금까지 부모님 그늘 아래 아무 어려움 없이 지내다가 미국에서 홀로 생활을 한다는 게 그리 쉽지만은 않았다. 신앙심이 없었다면 그 힘든 시기를 이겨내지 못했을 것이다. 일흔의 나이에도 불구하고 지글러 교수님은 프로그램도 직접 코딩하시고 상대방의 아이디어를 잘 경청해주시고 화이트보드에 쉽게 코멘트를 해주셨다. 연구실 석·박사 졸업 논문 발표회 때도 꼭 참석해서 많은 아이디어를 배우라고 말씀하셨다. 한국에 나와서도 지글러 교수님 도움이 필요할 때 메일을 보내면 즉시 답변 메일을 보내주신다. 진정한 나의 멘토이시다. 객원 연구원 신분이었지만 유학생처럼 학문에 열중했다. 아침 9시까지 연구실에 도착해서 논문과 세미나를 준비하면서 저녁 6시에 퇴근하는 반복적인 생활을 했다. DEVS와 SES$^{\text{System Entity Structure}}$ 연구 외에도 수업도 청강하고 논문도 쓰고 미국 내 다양한 컨퍼런스에도 참석하는 등 비로소 연구가 시작된 느낌이 들었다.

미국에서 돌아와 성균관대학교 반도체시스템공학부 연구 교수로 정착하여 과학 기술 문서 작성 및 발표, 프로그래밍 언어 등을 강의하고 있다. 연구로서 한국연구재단 여성 과학자 사업, URP 과제 등을 성황리에 추진하고 있다.

마지막으로 이공계 진학을 앞둔 여학생들에게 인문학적 소양을 바탕으로 항상 창의적인 호기심을 가지고 소통하며 자신의 삶을 개척해 나가라고 말하고 싶다. 특히 꿈을 이루기 위해 좋은 멘토들을 만나 그들의 삶의 지혜를 전수받아 현명한 선택을 했으면 한다. 나의 멘토들의 헌신적인 도움이 없었다면 나는 지금의 자리에 있지 못했을 수도 있다. 여러분도 학문에 대한 열정과 노력이 있다면 어떤 장벽이라도 뚫고 당당하게 여성 공학인으로서의 길을 걸어나갈 수 있다고 믿는다.

趙
貞
淑

조 정 숙 동아대학교 건축공학과를 졸업하고 미국 디브라이 공과대학 전자공학과, 미국 일리노이 공과대학(IIT) 전자공학과 학사 및 석사 학위를 취득 후 고려대학교 전자공학과에서 박사 학위를 받았다. 수원과학대학교 정보통신학과 교수로 재직하면서 기획실장과 국제협력처장, 화성시 행정위원장 및 의제 21 초대 의장직을 역임했고, 현재 (사)한국통신학회 이사 및 (사)한국기술거래사회 이사로 활동하며 (주)스마트기술연구소 대표 이사로 재직 중이다.

조 정 숙

도전이
새 꿈을
꾸게 한다

꿈과는 거리가 멀었던 공학도의 길

어린 시절의 나는 운동을 좋아하는 소녀였다. 꽤 부유했던 가정 환경과 타고난 운동선수로서의 소질 덕분에 어려움 없이 운동을 할 수 있었다. 별다른 훈련을 하지 않아도 대회만 나가면 1등을 놓치지 않았고, 급기야 전국 체전에 나가 수상을 하기도 했다. 오랜 시간 책상에 앉아 있으며 노력해야 성과가 나오는 공부와는 다르게 노력하지 않아도 성과가 나왔던 운동은 내게 굉장히 매력적이었다.

공부에 매진하길 원하셨던 부모님은 초등학교 때부터 과외까지 시키며 정성을 쏟으셨지만 정작 나의 관심은 운동뿐이었다. 고등학교 3학년 때 진로를 결정해야 하는 순간에도 나는 체육대학에 진학하기로 마음먹고 있었다. 하지만 그 꿈은 이루어지지 않았다. 부모님의 반대도 반대지만 일련의 사건들로 가세가 급속도로 기울기 시작했고, 재기를 위해 미국행을 선택하신 아버지의 빈자리를 생각하니 마음 편하게 운동을 할 수 없었다. 결국 대학 자체를 포기하기에 이르렀고, 취업하기로 결심했다. 그러나 인문계 고등학교 졸업자가 갈 수 있는 일자리는 무척 제한적이었다.

신발 공장에 들어가 접착제로 고무 밑창 붙이는 일을 했는데, 어느 날 공장 사장님이 나를 부르셨다. 곱게 자란 티가 났는지 공장에서 일할 만한 학생이 아닌 것 같은데 어찌 된 사정인지를 물으셨다. 어쩔 수 없이 일을 해야 하는 사정을 말씀드렸지만 사장님은 대학에 진학하라고 권하셨다. 공장에 다니면 지금 당장 경제적 어려움은 피할 수 있지만 그 이상의 발전은 이루기 어렵다는 것이었다. 사람마다 어울리는 옷이 다르다는 사장님의 말씀이 내 생각을 바꾸는 계기가 되었고, 결국 나는 공학도의 길로 들어서게 되었다. 공학도라고 하면 일찌감치 공부에 소질을 보였을 거라고 생각하겠지만 나는 시작부터가 남달랐던 것이다.

야간 공업 고등학교의 교사, 그 잊히지 않는 기억

당시 부산 집 근처에 여성 건축사가 있었는데, 어머니께서 무척 부러워하시는 것 같아 나도 그렇게 되기로 마음먹었다. 건축공학을 전공하며 대학 생활을 시작했다. 1학년 첫 학기 중간고사를 마치고, 건축 시공을 지도하시는 교수님께서 자신의 사무실에서 근무할 의사를 물으셨다. 학교에 다니면서도 일을 할 수 있는 건축 사무소는 내게 꿈의 직장이었다. 낮에는 수업을 듣고 저녁에는 일을 할 수 있어 무척 행복했다.

그러던 중 건축기사 자격증을 취득하면 기술 교사 자격을 준다는 사

　　　1 | 여성, 공학으로 세상의 한계를 뛰어넘다

실을 알게 되었다. 그래서 새로운 도전이 시작되었다. 건축사가 되려면 졸업 후 5년을 기다려야 하지만 기술 교사는 대학교에 다니면서 풀타임으로 근무할 수 있어 신이 났다.

하지만 기술 교사로서 임용되기 전 시범 수업으로 했던 건축사 시간은 지금도 잊히지 않는다. 교직 경험이 없어 두려움이 컸던 차에 이사장님이 수업을 지켜보시겠다고 하셔서 수업 내용을 모두 외워버렸지만, 막상 수업이 시작되니 칠판에 글씨 쓸 힘조차 없었다. 수업 내내 남학생들과 눈을 맞추지 못하고 검은 머리에 시선을 맞추었던 기억이 난다. 야간부라서 나보다 나이가 많은 학생들이 상당히 많았다. 학생 지도부를 맡으면서 담배 피우는 학생들을 찾아내고, 게임방으로 도망가는 아이들을 잡으러 다니면서 많이 친해졌다. 학생들에게 기능사 자격증 준비를 시키면서 내가 대학에서 강의를 받을 때보다 오히려 더 많이 깨우쳤다.

야간 공업 고등학교의 학생들은 대부분 근처 쥐포 공장에 다니고 있었다. 비 오는 날에는 쥐포 특유의 달콤한 냄새가 악취가 되어 풍기기 일쑤였는데, 혹여 내가 불쾌해할까 봐 멀찌감치 뒷자리로 옮겨 앉는 학생들의 모습은 가슴 아픈 기억으로 남아 있다. 그 아이들 덕에 힘들기보다는 용기를 얻을 수 있었다.

낮에는 공장에서 일을 하고 밤에는 공부를 하겠다고 나온 아이들이니 집안 형편이 어려울 수밖에 없었다. 당시만 해도 교사는 가정 방문을 해야 했다. 나도 담임을 맡으면서 가정 방문을 다녔는데, 살다 살다 그렇게 가난한 집은 처음 보았다. 등록금을 독촉해야 했지만 사는 모습을 보니 도저히 엄두가 나지 않았다. 그러나 등록금을 받아내지 못하면 내 월급이 나오지 않을 것이고, 그렇게 되면 내 학비는 물론이고 동생들의 학비와 생활비까지도 장담할 수 없는 상황이었다. 결국 나는 지시받은 대로 등록금 미납자를 집으로 돌려보내면서 모질게도 등록금을 받아냈다. 그 기억은 아직도 죄스러운 마음이 들게 한다. 당시 내 형편이 아이들의 사정을 봐줄 만하지 않았기에 참으로 안타까웠다.

어려운 가정 환경의 학생들을 가난에서 꺼내줄 방법은 아이들 스스로 일어서게 하는 것밖에는 없었다. 야간 학교를 졸업하고도 결국은 일하던 공장으로 돌아갈 수밖에 없는 학생들에게 미래와 꿈을 운운할 수는 없었던 것이다. 그래서 나는 주말마다 아이들을 데리고 수학과 영어 등 부족한 부분을 보충해주기도 하고, 인근에 있는 대학교 캠퍼스에 데

낮에는 공장에서 일하고 야간에는 학교에 다니는 아이들을 보며 희망을 보았다(대광발명고등학교 학생들과 함께).

    1 | 여성, 공학으로 세상의 한계를 뛰어넘다

리고 다니며 공부에 대한 중요성을 각인시키기도 했다. 과연 이러한 노력이 학생들을 변화시킬 수 있을지 의문이었지만 그게 내가 할 수 있는 최선이었다. 그리고 마침내 대학에 합격한 첫 제자가 나왔다. 그때의 감격은 지금도 잊을 수가 없다.

3년 반이라는 시간 동안을 근무하면서 막연하지만 등록금을 안 받는 학교가 있었으면 좋겠다는 생각을 했다. 그리고 30여 년이 지난 지금, 그 일을 위해 첫발을 내디뎠다.

미국에서의 일과 공부

교수를 꿈꾸며 대학원과 교사 일을 병행하던 어느 날, 아버지께 가족 모두 미국으로 들어오라는 소식이 왔다. 아버지 없이 고단하기만 했던 한국에서의 삶에 단비 같은 소식이었다. 그러나 어려운 집안 형편 탓에 대사관의 인터뷰를 통과하지 못해서 무려 다섯 번의 인터뷰 끝에 미국행이 결정되었다. 이제 고생이 끝나겠구나 하는 생각으로 도착한 미국에서의 삶은 생각과는 다른 방향으로 흘러갔다. 아버지는 구두 수선을 하고 계셨고, 재기를 하시지 못한 상황이었다. 결국 나는 다시 생활 전선에 뛰어들 수밖에 없었다. 한식 레스토랑에서 꾀부리지 않고 성실하게 일한 덕에 파티장 근무를 할 수 있어서 다른 사람들보다 높은 보수를 받게 되었다.

그 돈을 모아 미국에서 다시 대학에 진학하기로 결심했다. 아버지께서 미국에 살려면 대학원 진학보다 대학 진학이 이민자 정착에 도움이 된다고 하셨다. 아버지께서도 미국에서 조지타운 대학원을 나오셨지만 직장 구하기가 어려웠기 때문이었다. 한국의 건축공학사 졸업장이나 건축기사 자격증은 미국에서는 건축학 아니면 토목학과로 분류되어 인정되지 않았다. 건축학과로 다시 대학에서 공부할까 고심하다가 전자공학이 각광을 받는 시기였기에 건축 전공의 기반 위에 전자공학을 접목할 생각으로 미련 없이 전자공학을 선택했다.

대학을 다니면서도 등록금 마련을 위해 여전히 학업과 일을 병행해야만 했다. 한국 대학의 등록금이 수십만 원이던 시절인데, 미국의 학비는 수백만 원으로 내게는 천문학적인 숫자였다. 처음에는 설계 사무실에서 시간당 3달러 50센트를 받고 일하다가, 전자공학을 전공한 덕에 보수가 좋은 일본 소니 공장에서 카세트 고치는 일을 하게 되었다. 날마다 숙제와 시험 준비하느라 새벽에 학교에 갔고, 오후부터 밤늦게까지 회사에서 근무하는 고된 생활이었다.

애초에는 대학을 졸업한 후에 학업을 지속할 생각은 없었다. 하지만 미국에서도 대학 졸업자와 석사는 처음부터 연봉이 달랐기에 결국 1년을 더 공부해서 학사 학위를 받은 후 석사까지 마칠 수 있었다. 미국에서 공부하는 동안은 이를 악물고 전념할 수밖에 없었다. 장학금을 받지 못하면 그만큼의 돈을 더 벌어야 했기에 선택의 여지가 없었다. 물론 공부를 포기했다면 훨씬 편할 수도 있었다. 하지만 공부는 더 나은 삶을 위한 기회였기에 놓칠 수가 없었다. 그리고 그 선택이 옳았다는 것을 확신한다.

안주하는 삶은 발전이 없다

결혼 후 한국으로 돌아왔다. 남편은 서울, 나는 부산에서 교수를 맡게 되었다. 당시 돌도 안 된 아이를 어린이집에 맡기며 마음이 찢어지는 듯했다. 부산과 서울을 출퇴근하는 강행군을 2년 동안이나 지속해야만 했다. 그러던 중 수원 소재의 전문 대학에서 교수를 채용한다는 공고를 보게 되어 지원했다. 교수 채용 면접을 보러 갔을 때 적잖이 당황할 수밖에 없었다. 지원한 사람 중에 석사 학위만 가지고 있는 사람이 나 하나였기 때문이었다. 그러나 포기할 수 없었다. 총장님께 채용해주시면 박사 학위를 취득하겠다고 약속했고, 그 다짐을 좋게 봐주셨는지 교수로 채용될 수 있었다.

전임 강사로 풀타임 근무를 하면서 고려대학교에서 박사 학위를 마쳤다. 아버지께서 무척 좋아하시며 당신의 박사 학위와 내 것을 복사해 나란히 거실 벽 한가운데에 걸어놓으셨다.

박사 학위가 없는 교수라는 꼬리표 때문에 그렇게도 박사 학위가 갖고 싶었는데 학위를 받고 보니 의외로 허무하다는 생각이 들었다. 그래서 남들과는 다른 박사가 되자고 스스로 다짐하고, 마흔의 나이였지만 다시 MBA 석사 과정에 들어갔다. 그러나 실무 위주로 교육하는 미국의 MBA와는 다르게 이론 수업에 치중하는 석사 과정에 실망하여 휴학했다. 이후 창업 경진 대회에 나가 수상을 하고 창업에 도전을 하면서 새로운 꿈이 자리 잡기 시작했다.

그렇다고 학업에 치중하여 교수직을 소홀히 했던 것은 아니다. 당시 기획실장직을 수행하면서 학교의 침체된 분위기를 읽을 수 있었다. 서울 근교에 자리 잡고 있기는 하지만 지방 축에 속하는 학교, 그것도 전문 대학이라는 사실은 학생들을 위축하게 했다. 뭔가 변화가 필요했다. 일단 학생들에게 더욱 넓은 세상을 보여주고 싶었다. 고민 끝에 어학연수를 보내야겠다는 생각에 이르렀다. 처음으로 실시하는 해외 어학연수이므로 학생들에게 최소의 비용으로 제공하고 싶었다. 그러나 어학연수 공고를 붙이고 학생들을 모집하는 동안에도 학교로부터 연수비 지원 약속을 받아내지 못했다. 그렇다고 없었던 일로 할 수는 없는 노릇이었다. 결국 나는 학생들에게 최소 비용만을 부담시키고자, 어학연수에 관련된 모든 제반 사항들을 여행사의 도움 없이 홀로 준비하기 시작했다. 캐나다의 대학교에 연락해 항공권과 두 달 학비, 기숙사비를 포함하여 200만 원의 비용을 제시했다. 물론 파격적이라고 할 정도로

서울대학교 차세대융합기술연구원 최고전략 과정에 마흔의 나이에 입학해 공부를 또 시작했다.

1 | 여성, 공학으로 세상의 한계를 뛰어넘다

저렴한 비용이었지만 놀랍게도 그 제안이 수락되었고 어학연수는 예정대로 갈 수 있게 되었다. 학생들의 여권 발급부터 가이드까지 직접 해야 하는 수고가 있었지만, 스무 명의 학생들을 이끌고 어학연수를 무사히 마치고 돌아왔다. 나중에 알았지만 이 연수를 다녀온 학생들에게 이 사건은 인생을 바꿀 만큼의 귀중한 경험이었다고 하니 그 뿌듯함은 이루 말할 수 없었다.

교수직과 함께 화성시 행정위원장직을 겸하면서 많은 일을 했다. 군이 시가 될 무렵, 강남은 고급스러운 이미지를 구축하는데 화성은 왜 부정적인 이미지로 형성되어 있는지 고민했다. 좋은 학교가 있다면 시의 이미지 개선에 큰 역할을 하리라 생각되어 화성국제고등학교 설립을 추진하는 한편 의제 21 의장직을 맡으며 동탄 신도시를 만드는 기틀을 마련했다. 이는 안주하는 삶에는 발전이 없음을 뼛속 깊이 알고 있었기에 가능했던 일이었다.

끝나지 않는 도전, 새 꿈을 심다

교수의 정년은 만 65세다. 그러나 현대인의 수명은 그보다 훨씬 길다. 그렇다면 나는 정년 이후의 삶을 어떻게 만들어갈 것인지 고민하지 않을 수 없었다. 그리고 그 고민은 야간 공업 고등학교 교사를 하던 시절의 기억을 되살렸다. 가정 형편이 어려운 학생들에게 등록금을 받아내고자 했던 미안함이 떠올랐다. 그때 그 아이들과 비슷한 환경에 처해 있는 청년층에게 도움을 줄 수 있다면 죄스러운 마음의 짐을 덜 수 있을 것 같았다. 그렇다면 공학 교수인 내가 어떤 도움을 줄 수 있을지를 생각해야 했다. 창업! 창업을 한다면 이들에게 일자리를 제공할 수 있을 것이라는 단순한 생각이 먼저 떠올랐다. 그리고 일자리 제공을 넘어선 다른 무언가를 꿈꾸게 되었다.

창업을 고민하면서 다시 미국행을 선택했다. 좋은 일터였지만 과감히 교수 자리를 버리고 저지른 일이었다. 중학생 아들과 초등학생 딸이 스스로 공부를 할 여건을 마련해놓고는 창업 전선에 뛰어들었다. 창업 교육 과정과 CEO 교육 과정을 다수 수강하면서 끊임없이 개발에 몰두했다. 그리고 작년 말, 드디어 스마트기술연구소 법인을 설립했다. 공학자의 자존심을 걸고 최상의 제품을 개발하겠다는 다짐 아래 태양전지와 LED를 응용한 여러 제품 개발에 박차를 가하고 있다.

창업의 과정은 결코 만만치 않았다. 공부를 하는 것과는 다르게 '나'만이 아닌 '우리'를 생각해야 하기 때문이다. 나는 이 연구소를 통해 최소 스무 명 이상의 학생들에게 혜택을 주고 싶다. 그들과 함께 공부하고 일하면서 새로운 세상을 열고 싶다. 굳이 그들에게 배움의 기회를 제공하고자 하는 이유는 내가 학업의 끈을 놓지 않았기에 지금의 위치까지 도달할 수 있었기 때문이다.

이제 막 시작된 스마트기술연구소는 아직 갈 길이 멀다. 순탄치 않았던 나의 삶에는 늘 새로운 도전과 더 큰 꿈이 교차했다. 창업이라는 새로운 도전 앞에 나는 지금껏 해왔듯 전력을 기울일 것이고 결국에는 새로운 도약의 순간에 도달할 것이다. 이 책을 읽는 여러분도 도전을 두려워하지 말고 전진하길 바란다. 그러면 새롭고 더욱 큰 꿈을 만나게 될 것이다. 그리하여 더 커진 꿈이 이루어지는 마지막 순간에 그 도전이 옳았다며 자신에게 잘했다는 박수를 쳐주길 기대한다. 마지막으로 지혜로운 선택이었던 공학도의 길이라는 꿈을 심어주셨고 내 꿈을 응원해주신 부모님께 감사드린다.

세상을 향해 별을 쏘다

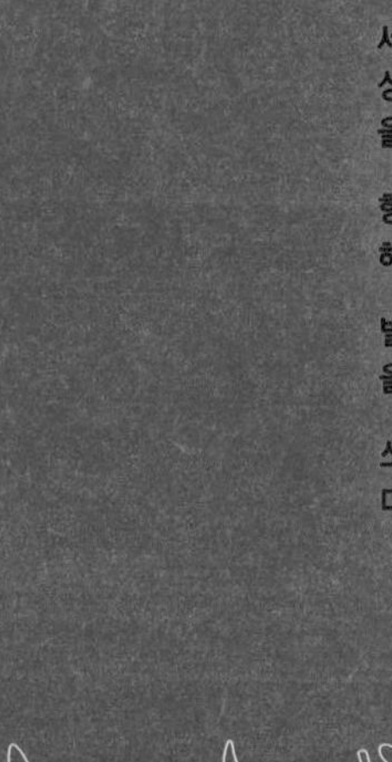

2부

|

인생의
내비게이션에
꿈이라는
목적지를 찍자

건설 · 설계 · 건축 · 설비

권 영 숙 홍익대학교 건축공학과를 졸업하고 현대건설 가구사업부에 입사하여 가구 설계와 실내 건축 일을 하다가 홍익대학교 경영대학원에서 마케팅 석사 학위를 받았다. 단국대학교 대학원에서 도시계획학 석사, 도시 및 지역계획학 박사 과정을 수료했다. 경원전문대학 실내건축과에서 강의를 했으며, 경기도 성남시와 서울시 구로구·양천구의 건축디자인 심의위원, 서울시 금천구 도시디자인 심의위원을 역임했다. 현재 용인송담대학 건축인테리어 계열 조명인테리어 전공 겸임 교수, CoDA(Creation of Design Arch) 대표, 서울시 강북구 건축심의위원, (사)한국건축가협회 이사, (사)한국여성건축가협회 회장으로 활동하고 있다. 또한 문화유산연대에 참여하여 문화재의 불법 훼손을 적발하여 원상회복을 유도하는 일에 힘을 보태고 있다.

권 영 숙

'건축계의 노벨상'
프리츠커상 수상을
기대하며

꼭 너 닮은 딸 낳아서 키워봐라!

이 세상 모든 엄마는 딸의 역할 모델이다. 물론 나도 예외는 아니다. 어릴 적 우리 엄마는 내가 욕심을 부리고, 옳다고 우기고, 지기 싫어하고, 생각지도 않은 일을 벌일 때마다 "아이고, 꼭 너 닮은 딸 낳아서 키워봐라"라고 말씀하셨다. 그런데 엄마의 말씀이 사실이 되어버린 것인지 요즘 우리 딸아이에게서 옛날의 내 모습을 심심찮게 본다. 자신이 옳다고 믿는 것은 끝까지 따지며 주장하고, 이것저것 하고 싶은 일도 많고, 남에게 지기 싫어하는 모습이 꼭 나와 닮았다.

하지만 나보다 훨씬 나은 점이 많은 아이다. 나보다 운전도 잘하고, 바이올린이나 색소폰도 잘 다루고, 음감도 뛰어나서 피아노 건반 소리를 듣고 그 음이 무엇인지 딱 맞춘다. 게다가 배포가 두둑하여 새로운 일을 벌일 때 망설임이 없다. 속도 참 깊어 어떤 때는 애어른 같은 느낌도 받는다. 내가 일하러 나간 사이 혼자 터득한 것인지도 모르겠다. 내가 다른 엄마처럼 직접 챙겨주지 못한 것을 승화시킨 것일까?

우리 딸아이는 나를 닮아 미술을 전공한 후 건축학과로 학사 편입을 하여 지금 5학년으로 졸업 작품 전시를 마치고 사회에 첫발을 디디려 하고 있다. 나의 바람은 몇 년 뒤《세상을 바꾸는 여성 엔지니어》에 내 딸이 필진이 되어 글에 나를 등장시켜주는 것이다. 딸과 나는 신도 인정한 최고의 솔메이트다.

영악한 아이의 자신만의 길 찾기

나는 어렸을 적에 영악하다는 말을 많이 듣고 자랐다. 겨우 말을 떼고 걸을 때부터, "애야! 오늘 신문 찾아와라!" 하면 어디서 찾아왔는지 바로 그날의 신문을 가져오고는 했다고 한다. 그 어린애가 어떻게 찾아왔을까? 후각이 유난히 발달해서 신문에서 나는 특유의 휘발유 냄새를 맡고 찾아왔는지도 모르겠다. 그 후로도 잘한다는 칭찬을 들으면 어떻게든 더 잘하려고 애를 썼던 것 같다. 그래서 칭찬은 고래도 춤을 추게 한다고 했나 보다.

중학교 때까지는 청운동과 세검정에서 외할아버지를 모시고 온 가족이 함께 자연을 가까이하며 지냈다. 닭은 물론 오리, 토끼, 염소까지 기르면서 산으로 들로 가재와 개구리를 잡으며 자유롭게 보냈다. 공부는 뒷전이었고, 차돌처럼 튼튼하고 개구쟁이로 자랐다.

나는 4남매 중 셋째로 위로 언니와 오빠, 아래로 두 살 터울의 여동생이 있다. 가족에게 간섭을 받지 않고 자기 일은 스스로 해결하면서 자랐다. 그러다 대학을 진학할 시기가 왔다. 당시에는 아메리칸 드림이

2 ｜ 인생의 내비게이션에 꿈이라는 목적지를 찍자

퍼졌던 터라 미국에 쉽게 갈 수 있는 간호사라는 직업이 주목받던 때였다. 나는 세간의 분위기에 휩쓸려 별 고민 없이 성적에 맞춰 연세대 간호학과에 진학하게 되었다.

하지만 막상 대학에 들어가고 나니 고등학교 때 하고 싶었던 연극이 눈에 띄어서 연희극예술회를 찾게 되었다. 그때 지금은 배우로 유명해진 명계남 선배를 만났다. 그렇게 1학년 때 그럭저럭 연극에 빠져 교양학부를 정신없이 보내고 2학년이 되어 의대 건물의 간호학과에 올라오니 너무 지루하고 공부에 대한 회의가 느껴졌다. 치과대와 간호대 학생들의 성가대 모임에서 노래하며 허송세월을 보내다가 3학년 때 병원 실습을 나가게 되니 겁이 덜컥 났다. "아! 내 인생이 어디로 가는 걸까?" 그해 겨울 방학을 깊은 고민 속에 보냈다. 주위 친구 중에는 다니던 학

간호사라는 편한 길을 두고 나는 건축학으로 길을 바꾸었다. 건축학은 평생의 내 일이 되었다.

교를 중도 포기하고 다시 새로운 과로 진학하는 이들도 있었고 벌써 학교를 그만두고 직장 생활을 시작하는 친구들도 있었다. 그들을 만나도 마음이 편치 않고 오히려 고민만 더 쌓여갔다. 그러다 우연찮게 신문에서 '대학 편입'이라는 광고를 보게 되었다. "이거다! 아! 대학 편입! 새로운 길을 가보자!"

수학이 인생을 바꾸다

사실 나는 고등학교 때 수학을 무척 좋아했고 나름 성적도 상위권이었다. 이화여고에서는 시험 답안지를 공개 확인하는 시간이 있었다. 선생님이 혹시 답안을 잘못 채점했는지를 학생 각자가 확인하는 것이다. 당시로는 파격적인 제도였다. 물론 학생에 대한 믿음이 바탕에 깔려 있었다. 수학 답안지를 확인할 때는 항상 내 답안지가 정답지가 되었다. 과목마다 최고 점수를 받은 학생의 답안지를 보고 담임선생님이 답을 불러주시면 학생들은 자기 답안지가 채점이 바르게 되었는지를 확인했기 때문이다. 매달리면 분명하게 답이 나오는 매력에 빠져 어려운 문제도 몇 시간씩 씨름하며 풀곤 했을 정도로 수학을 정말 좋아했다. 잘한다고 하니까 더 잘하려고 했던 마음도 있었다. 조경해 담임선생님의 담당 과목은 생물이었는데 죄송하게도 생물은 별로 좋아하지 않아 항상 죄송스러웠다. 나를 무척 예뻐해주시고 볼 때마다 수학과에 꼭 가라고 말씀해주셨지만, 생물 공부에는 정이 가지 않았다. 고등학교 때부터 생물 같은 암기 과목을 싫어하고 수학을 좋아했는데, 간호학을 공부하려니 흥미를 못 느꼈는지도 모르겠다.

  2 | 인생의 내비게이션에 꿈이라는 목적지를 찍자

간호학과에 회의를 느낀 나는 대학 편입을 준비했다. 미술 전공을 하는 동생을 보며 미술과 비슷한 건축에 매력을 느껴 건축학과에 도전한 것이다. 고등학교 때의 수학 실력이 편입 시험에 큰 도움이 되어 나름 치열한 경쟁을 뚫고 당당하게 건축학과로 편입에 성공했다. 그때 선택한 건축이 내 인생의 일대 전환점이 되었다.

2학년으로 편입해서 동생뻘 되는 아이들과 학창 생활을 보내다 보니 공부보다 더 재밌는 여러 가지 일도 많았다. 3학년 때는 공동 작품을 만들기 위해 교수님 옆방에서 2층 침대를 간이로 만들어 합숙 훈련을 했다. 간이침대는 여학생들을 위한 특별한 배려였다. 그때 함께 지냈던 여학생이 나까지 포함하여 모두 네 명이었는데, 두 명은 나보다 두 살이 어렸고, 한 명은 나와 동갑이었다. 우리 넷은 성격은 모두 제각각이었지만 그런대로 잘 어울려 지냈다. 지금도 매달 만나고 있을 정도다. 한 방에서 어울려 지내며 장을 보고 밥을 해 먹었던 기억이 공부했던 기억보다 지금까지 더 아름답게 남아 있다. 요즘은 무척 유명해진 홍대 앞 골목이 그때는 당인리 발전소로 가는 철길 옆의 시장통이었다. 그 시장을 돌아다니며 ‘선영이네 칼국수집’ 또 지금은 사라진 빵집, ‘호미화방’, ‘유정 다방’ 등에 뻔질나게 드나들었다.

지금은 컴퓨터 캐드로 설계를 하지만 그 당시에는 합판 위에 켄트지를 풀로 붙여 빤빤하게 작업대를 만드는 것이 학기 초에 제일 먼저 하는 일이었다. 그렇게 만든 제도판에 T자를 들고 제도를 하는 모습이 멋지게 느껴지던 때였다. 편입을 하여 새로운 수업은 따라가기에 벅찼다. 특히 설계 시간은 다른 수업에 비해 배로 힘들었다. 반면에 구조 역학이나 응용 수학, 철골 구조 같은 신나는 시간도 있었다. 그때 주위의 누군가가 내게 졸업하고 구조 쪽에서 일하면 좋을 것 같다고 했는데, 그때는 그것이 너무 생소하게만 느껴졌으나 지금 생각하니 그랬으면 참 좋았겠다는 생각도 든다. 졸업 후 실내 건축과 가구 설계 일을 하다 보니 디자인도 중요하지만 일을 수주하고 운영하는 것도 중요하다는 것을 느끼게 되었다. 그러면서 자연스럽게 마케팅의 필요성을 인식하게 되었고 대학원에서 마케팅을 전공으로 공부했다. 그리고 개인 사무실을 열게 되었다. 그것이 일을 하며 또 다른 새로운 도전을 하게 된 동기가 되었다.

하면 된다, 시작이 반이다

"하면 된다. 시작이 반이다. 전화위복." 내가 즐겨 하는 말이다. 우선 마음을 먹으면 되고, 하다 보면 모든 것이 이루어져 있었다. 우리 딸아이는 "되면 한다"라고 우기지만, 내 생각은 좀 다르다. 나는 우리 애들에게 이 말들을 자주 써먹으면서 키웠다. 어쩌면 엄마의 횡포였는지도 모르지만 그래도 애들은 지겨워하면서도 잘 따라와주었다. 힘들고 어려운 것에 부딪혀도 참아내다 보면 고맙게도 잘 풀렸기에 전화위복이 되었고, 일단 마음을 결정하고 시작하면 벌써 끝에 도달해 있었다. 이 얼마나 고마운 말인가? 그래서 시작만 하면 우선 반은 된 것이고 나머지 반만 하면 된다는 억지 아닌 억지를 고집해왔다. 이런 생각 때문에 우리 애들은 수영과 검도를 배웠고, 악기 하나 이상씩 연주하게 되었으며, 그리고 미술까지 전공하게 되었다.

일을 하며 애들을 키우면서도 공부에 대한 미련이 남아 마흔이 넘어 뒤늦게 대학원에 가서 마케팅 석사 학위를 받았다. 여기서 멈추지 않고 쉰이 넘어 도시 계획 석사와 이어서 도시 계획 박사 과정까지 밟았다. "시작이 반이다"라는 말에 의지하면서 이제 박사 논문을 남겨두고 있다.

어떤 이는 내게 그렇게 공부하도록 여러 가지로 뒷받침해주는 남편이 더 대단하다고 한다. 사실 남편이 묵묵하게 잘 참아주며 어떤 때는 방패막이가 되어주고 어떤 때는 밀어주었기에 내 욕심대로 일도 하고 공부도 할 수 있었다. 이 지면을 통해 남편에게 또 하늘에 계신 엄마에게 그리고 내 아이들을 초등학교 전까지 돌봐주었던 언니에게도 감사를 드리고 싶다. 더욱이 우리 부부는 주말부부로 25여 년을 살았다. 남편은 토목 엔지니어로서 지방 현장 소장으로 일했다. 친정 가까이에 살면서 엄마가 방과 후에 아이들 숙제 등을 잘 챙겨주셨다. 애들이 큰 말썽을 부리지 않고 일하는 엄마를 자랑스럽게 생각하며 자기 몫을 잘해낸 것도 오늘의 나를 있게 한 원동력이다.

일하면서 다양한 경험을 하게 되고 그에 따른 공부의 욕심을 내는 것도 매슬로우 욕구 5단계의 자아실현이라고 생각해본다. 우리 애들도 이런 나를 보며 자랐기에 자기 자신도 모르는 사이에 엄마를 닮아가지 않았을까? 또 주변에서 아이들에게 "네 엄마를 꼭 닮았구나"라는 말을 하기도 한다. 지금 우리 큰아이는 학부에서 애니메이션을 전공하고 직장 생활을 하다 영상 분야 과정을 연구하고자 영상커뮤니케이션 전문 대학원에 진학하여 석사 마지막 학기를 남기고 있다. 그 밑의 딸아이는 시각 디자인을 전공하고 건축학과로 학사 편입하여 5학년 졸업반으로 취업의 문턱에 서 있다.

'건축계의 노벨상' 프리츠커상 수상을 기대하며

우리나라 건설사가 세계 곳곳의 많은 초고층 건축물을 시공하고 있으나, 정작 설계 분야에서는 국내 건축가의 참여가 미미한 실정이다. 또 국내의 용산 국제업무지구의 기획 설계는 외국 건축가들이 독식하고 겨우 실시 설계만 국내 건축가가 시행하는 실정이다. 건축 설계 산업 매출액은 OECD 조사 대상 27개국 중 21번째로 하위권에 머물고 있다. 우리나라도 세계적인 건축가를 배출하여 세계에 우리의 우수한 건축물을 선보여야 할 것이며 더 이상 유명한 외국 건축가들을 들여다 이름만 내세우는 건축물이 세워지는 것을 방관해서는 안 된다. 동대문 역사문화공원, 용산 재개발지구 등의 건축물들이 외국 건축가에 의해 설계되었고 또 곧 지어질 예정이다. 우리나라의 건축가들에게도 세계적으로 유명하고 훌륭한 건축물을 설계할 수 있고 건축할 수 있는 기회가 주어져 실제로 훌륭한 건축물들이 많이 지어져야 한다고 생각한다. 이화여대 캠퍼스 센터ECC를 설계한 도미니크 페로도 그의 나라에서 촉망받는 젊은 건축가로서 이름을 날리기 시작하면서 세계적인 건축가가 되었다.

하지만 지금이라도 늦지 않았다. 건축 설계 산업에서 우리나라의 국제 경쟁력을 향상시키고 건축 설계 업체 균형 발전을 도모해서 역량 있는 신진 건축가 육성 방안을 시행해야 한다. 우리도 참신하고 독창적이고 용기 있는 젊은 건축가들에게 많은 기회를 주고 일할 수 있는 터전을 만들어주는 것이 절실하다. 여기에 여성 건축가들도 한몫을 담당하리라 믿어 의심치 않는다.

해마다 인류와 환경에 중요한 공헌을 한 건축가에게 주는 프리츠커상을 지금까지 일본이 네 번이나 가져갔다. 우리나라 건축가가 머지않아 프리츠커상을 수상하기를 간절히 기대해본다.

우리의 도시, 내가 살던 고향을 살리자

요즘 주말이면 예전의 골목과 시장, 그리고 성곽 등을 찾아다닌다. 몇 달 전에는 종로의 피맛골을 찾았고, 지난주에는 인천 배다리 마을을 둘러보았다.

도시의 예전 모습이 서서히 사라져가고 있다. 옛것을 제대로 살리지 못하는 부족한 정책이 마음을 씁쓸하게 한다. 로마나 파리 등을 가보면 옛날의 건축물과 골목 등이 그대로 문화유산으로 남겨져 관광 자원이 되어 세계 각국의 사람들이 찾는 명소로 되어 있다. 우리도 뒤늦게 문화유산에 눈을 떠 유네스코에서 지정을 받으려고 노력을 하고 있으며, 실제로 어느 정도 성과도 올렸다. 하지만 그러는 동안에도 우리가 관심을 덜 기울이는 바람에 도시의 풍경이 빠르게 사라지고 있다.

나는 도시 디자인 심의를 하고 있지만 옛것을 모두 버리고 새로운 것만을 추구하는 것이 능사는 아니라고 생각한다. 온고지신이라는 말도 있다. 새롭게 만드는 것도 필요하지만 보존하고 지속시키는 것도 중요하다. 슬픈 역사의 잔재를 보기 싫다는 이유로 일제 강점기의 건물을

옛것을 모두 버리고 새로운 것만을 추구하는 게 능사가 아니다. 보존하고 지속시키는 것이 새롭게 만드는 것보다 중요하다.

모두 없애야 되는 것은 아니다. 우리의 아픈 역사도 우리의 미래를 위해서 남겨져야 한다. 15여 년 전에 체코로 건축 답사를 떠났었다. 그때 들은 이야기에 의하면 건축물들의 훼손을 막기 위하여 외부의 침공이 있을 적마다 그들의 조상은 백기를 들고 항복을 했다 한다. 그래서 그 덕분에 지켜진 건축물이 관광 자원이 되어 지금도 후손들이 이를 잘 보존하며 살아가고 있다고 한다.

지난주에 골목 투어팀 '골목을 보라!'와 함께 인천 배다리에 다녀왔다. 인천 개항과 함께 인천을 통해 외국 문물이 들어왔고 최초의 호텔인 대불 호텔도 지어졌다. 하지만 지금 대불 호텔은 흔적도 없이 사라지고 지하의 기초만 앙상하게 드러낸 채 방치되고 있다. 화재로 소실된 것도 아니고 지진으로 무너진 것도 아닌데 그냥 부수어놓고 누군가가

   2 ㅣ 인생의 내비게이션에 꿈이라는 목적지를 찍자

상가 건물을 지으려다가 기초가 드러나니 방치한 것이다. 이제 보존과 개발의 조화로운 공존이 필요한 때다.

한국여성건축가협회(K.I.F.A. Korean Institute of Female Architects)

1982년 2월 20일 여성 건축가들의 자질 향상과 권익 신장을 위해 한국 여성건축가협회가 설립되었다. 나는 1982년 협회에 가입했지만, 곧 결혼하여 청주로 내려가면서 2~3년 동안 활동을 활발하게 할 수 없었다. 그러다 다시 일을 하게 되면서 본격적으로 협회 활동을 시작했다. 협회에서 여성 건축가로서 동병상련도 나누고 동기 부여도 받았다. 협회 활동이 대학원에 진학하여 공부를 다시 하게 된 동기도 되었다. 또 대학 강의도 나가게 되었고 건축 심의, 도시 디자인 심의도 하면서 더 필요한 공부가 무엇인지도 깨닫게 되었다. 사회봉사에 대해서도 다시금 생각할 수 있었다.

한국여성건축가협회는 올해로 30주년을 맞이했다.

1년에 한 번 있던 협회의 해외 건축 답사에 회원 자녀들을 데리고 다녔던 것은 큰 추억거리 중 하나다. 그 아이들이 자라서 지금은 결혼을 했거나 앞두고 있다. 우리 딸아이는 건축학과 졸업과 동시에 회원으로 가입할 계획이다.

올해 협회는 30주년을 맞았다. 30주년 기념식을 준비하면서 사진을 정리하다 보니 그때가 떠올라 감회가 새롭다. 지금은 회원들이 다양하게 공부하고 있고, 또 해외 유학파도 많아 인력 구성이 굉장히 알차다. 2010년 세계여성건축가대회를 치르면서 협회의 위상이 한층 드높아졌다. 여성의 섬세함이 요구되는 보육 시설 및 노인 복지 시설 그리고 주거 문화 등에 관한 분야에도 폭넓은 연구와 발표를 지속적으로 해오고 있다. 여성건축가협회는 건축 5단체로서 건축계의 중요한 한 축이 되리라 생각한다.

건축 전공을 하려는 여학생들에게

올해처럼 건축이 대중 매체를 멋지게 오르내린 해도 없었던 것 같다. 영화 〈말하는 건축가〉를 시작으로 〈건축학개론〉 그리고 TV 드라마 〈신사의 품격〉까지 스크린과 안방에서 멋진 건축가상을 볼 수 있었다. 우리 협회로도 건축과로의 진로 상담이 꽤 들어왔고, 관심을 갖고 질문을 하는 측근들도 많았다.

그런데 건축가는 화면으로 보이는 것처럼 멋지기만 한 직업은 아니다. 더구나 학교 성적에 맞추어 무턱대고 입학해선 안 되는 과이기도 하다. 건축을 전공하려면 일단 열정이 있어야 하고 음악, 미술, 인문학, 수학, 과학 등에 깊은 관심이 있어야 하며 지구력과 체력도 단단해야 힘든 밤샘 작업을 이겨낼 수 있다. 부지런하게 미술전이나 건축전(건축제) 등도 열심히 다니며 기록하는 습관을 키워야 하고, 눈에 익혀서 자기 것으로 만들어 적극적으로 건축전이나 공모전에 참여해야 한다. 그

     2 │ 인생의 내비게이션에 꿈이라는 목적지를 찍자

리고 졸업하고 사회에 나가면 성별과 관계없이 여러 동료와 치열한 경쟁이 시작된다. 여성 건축가에게는 결혼 생활과 육아 문제가 더 무겁게 엄습해오는 것도 현실이다. 이런 문제들을 슬기롭게 대처해가면 건축가의 대열에 서게 되고 꿈꾸어온 미래의 중심에 들어가게 될 것이다.

朴順天

박순천 성균관대학교 건축공학과를 졸업하고, 한양대 공학대학원에서 석사 학위를 받았으며, 동 대학원 박사 과정 재학 중이다. 한국여성공학기술인협회 이사, 국토해양부 중앙건설기술 심의위원, 관련 공공 기관 건축 심의위원을 역임했다. 현재 (주)나우동인 건축사사무소 전무 이사를 맡고 있다.

박 순 천

미래를 꿈꾸기보다는 오늘을 즐기며 살아라

천방지축 딸내미였던 유년기

부산에서 태어나 유년기를 계속 그곳에서 보냈다. 1남 4녀의 넷째였기에 그 당시 딸 많은 집의 아이들이 대개 그러하듯 언니들로부터 물려받은 것을 쓰며 자랐다. 또 늘 앞서 있는 언니들의 전적을 밟아가는 것을 당연하게 여겼다. 하지만 그런 가운데서도 나는 유별난 점이 참으로 많았던 아이였다. 어린 시절 우리 집 딸들은 머리를 허리까지 길러서 아침마다 엄마가 빗겨 예쁘게 땋아주는 것이 일상사였지만 유독 나만은 늘 짧은 머리를 고수했다. 머리를 자를 때면 몸도 가벼워지는 것 같아 머리 자르기를 좋아했다. 엄마가 미장원 가시는 날이면 빨래판을 의자에 걸치고 앉아 기어이 1센티미터라도 머리를 자르고 와야만 했고, 아버지와 오빠가 이발소에 갈 때면 당연하게 또다시 빨래판을 걸친 의자에서 머리를 자르고 와야만 했던 그런 아이였다. 그때의 습관이 지금까지도 이어져 늘 짧은 머리를 고수한다. 나는 짧은 머리를 하고 동네 골목을 온종일 뛰어다니길 좋아해 저녁나절이 되어야만 집에 억지로 들어가는 천방지축 딸내미였다.

어린 시절 가장 기억할 만한 것은 TV에 대한 추억이다. 우리나라에는 1960년대 후반에 TV라는 것이 처음 보급되기 시작했다. 지금은 영화 속 과거 장면에 나오곤 하는 양쪽으로 문을 여는 TV를 동네에서 처음으로 산 집은 아버지 친구 댁이었다. TV를 보는 재미에 푹 빠져 지내던 대여섯 살의 꼬마는 눈치라는 게 없었고, 나를 예뻐하시던 아버지 친구 분의 든든한 백으로 온종일 그 집에서 TV를 보다가 (나는 유치원도 다니지 않았다) 밤 12시에 애국가가 나올 때가 되어야만 집으로 돌아오곤 했다. 밤늦게 집으로 오는 길은 늘 아버지 친구 분의 몫이었고, 그 모습을 보다 못한 아버지가 동네에서 두 번째로 TV를 구입하면서 나의 밤마을은 드디어 끝이 나게 되었다. 그렇게 TV를 좋아하기 시작한 나의 TV 사랑은 오늘까지도 계속되고 있다.

꿈꾸지도 못한 대학에 진학하다

"말은 제주도로 보내고, 사람은 서울로 보내야 한다"고 생각하시던 부모님은 부산에 재개발이 한창이던 1970년대 초, 동네의 재개발을 기점으로 드디어 서울로 이사를 결심하셨다. 부산에서는 넓은 부지의 큰 집에서 살았지만 서울로 이사 온 이후부터는 거듭되는 아버지의 사업 실패로 해마다 살림이 반으로 줄어들었다. 철없는 어린아이에 불과했던 나는 그런 어려움을 알지 못했고, 가정 형편의 변화를 심각하게 느끼지 못했다. 고등학교 진학이 임박하여 실업계와 인문계의 기로에 서게 됐

   2 | 인생의 내비게이션에 꿈이라는 목적지를 찍자

을 때, 집안 형편을 감안하여 실업계 장학생으로 가는 게 어떻겠냐는 담임선생님의 권유에도 불구하고 인문계 고등학교로 진학했다. 대학 진학은 꿈도 못 꿀 형편이었지만, 대학 진학을 하지 못하면 취업을 하겠다는 단순한 생각으로 내린 결정이었다.

뺑뺑이로 배정된 학교는 무학여자고등학교였다. 고등학교 1학년 학기 초에 재학생의 학원 수강 금지, 과외 금지 조치가 시작됐다. 워낙에 학원도 못 다닐 형편이라 당연히 과외는 꿈도 꿀 수 없었고, 그런 상황이 불편하고 힘들기보다는 내 맘대로 신나게 놀 수 있는 기회라 생각해서 큰 스트레스 없이 고등학교 생활을 이어갈 수 있었다. 공부 좀 한다는 친구들은 비밀과외를 하기도 했지만 대부분은 자신만의 방식으로 공부를 해나가는 때였다. 대학을 준비하는 마음은 친구들과 별반 다르지 않았지만 꼭 갈 수 있다거나, 꼭 어느 과를 가겠다는 생각은 없이 대학 진학을 한다면 의대를 가면 좋겠다고만 생각하고 있었다. 하지만 힘겨운 인턴 생활을 하는 친구 오빠의 모습을 본 후, 10년은 공부를 해야 그 분야에서 역할을 할 수 있다는 사실을 안 순간 의대 진학에 대한 꿈은 곱게 접어버렸다. 공부하기 싫어하는 성향과 되도록 빨리 졸업해야 한다는 마음 때문이었다.

시간이 흐르고 보니 고등학교 3학년이 되어 있었고, 의대 지망을 접고 보니 딱히 가고 싶은 학과도 없었다. 내가 하기 싫은 공부를 제외하는 방식으로 과 이름만으로 대충 가늠을 해보니, 뭘 하는지는 잘 모르겠지만 건축공학과가 눈에 들어왔다. 건축공학과는 공부를 열심히 하기보다 보고 들으며 뭔가를 만드는 학과라는 생각이 들었다. 당시에는 공부를 안 해도 될 거라고 단정한 것이다. 그렇게 건축공학과로 진학을 결정했다. 당시에 나는 머리 좋고 공부 잘하는 언니들 덕분에 일상사를 간섭받지 않고 제멋대로 지내려면 학교 성적을 어느 정도 이상 유지해야만 했다. 그래서 학교에서 늘 그럭저럭 성적을 유지해 꿈꾸지도 못할 뻔했던 대학 진학까지 가능하게 되었다.

내 혼을 쏙 빼놓을 만큼 매력적이던 건축 설계

대학 생활은 그야말로 고삐 풀린 망아지 그 자체였다. 지금은 덜하지만 1980년대 초반의 대학은 시위가 다반사로 휴강과 결강이 전혀 문제 될 게 없던 시절이었다. 또한 건축공학과는 공학적인 측면의 기초적인 학문과 건축 계획이라는 디자인과 연계한 과목이 상존했는데, 나는 공학적 부분의 공부보다는 디자인 쪽에 끌려서 새로운 발상과 자유로운 사고의 전환이라는 핑계 아닌 핑계로 늘 보고, 듣고, 만드는 일에 정신이 팔려 있었다. 건축공학과를 졸업하면 진출하는 분야는 시공(건설 회사), 구조(대학원 진학 후 구조 설계사), 설계(건축 설계사)로 크게 나누어볼 수 있었고, 특별히 적성을 찾은 경우를 제외하고 대부분의 여학생은 건축 설계 분야로의 진출을 모색하고 있었다.

건축 설계 과정은 늘 재미있는 작업이다. 개념을 세우고, 현황을 조사하고, 유사 사례를 수집하고, 직접 돌아보고, 내가 생각하는 형태를 거칠게 깎아보고, 세부적으로 만들어보고, 공간을 사용할 사람이 되어 상황을 유추해보고, 생각을 스케치와 도면으로 그려내고, 패널에 내 결과물을 정리해 보여주어야 한다. 때로는 혼자서 하지만 대개는 팀 작업

일을 할 때면 늘 함께하는 사람들과 현장에서 발로 뛰며 이야기를 나눈다(여성 건축가들과 현장답사 후).

으로 진행하기에 서로의 생각을 모으고, 나누고, 열정적으로 토론하고, 고집도 부리는 과정을 통해 통합된 개념을 담은 하나의 건축물이 탄생한다. 방위(향), 도로의 여건, 주변 부지의 현황에 대한 해석의 차이에 따라 각자가 다른 디자인을 만들어내게 되는 참으로 신기한 작업이다. 이 과정은 늘 나를 설레게 했고, 내 혼을 쏙 빼놓기에 충분히 매력적인 작업이었다.

대학 시절 선배들과 만든 작업실 생활을 하면서 건축 설계라는 부분으로의 진출에 한 발 더 다가서게 되었고, 나의 적성, 소질, 재능에 대해서 크게 고민 없이 건축 설계 분야로 사회 첫발을 내디디게 되었다.

나를 찾기 위해 안정된 자리를 버리다

무엇을 하든 대학 전공을 살리는 것이 최선이라 생각하고 들어간 첫 직장은 단독 주택을 설계부터 시공까지 하는 작은 회사였다. 이후 1~2년 단위로 서너 번의 이직을 통해 삼우설계라는 국내 굴지의 설계 사무소에 경력직으로 입사하게 되었다. 설계실에서는 첫 직장에서부터 늘 최고참 왕 언니였기에 어느 자리에서든 여자 혼자라는 것에 불편함이나 어색함은 없었다. 심지어 어떤 때는 여자들이 많은 것이 더 불편하기조차 했다.

건축 설계를 계속해왔기에 어느 시기가 되자 자연스레 건축사를 취득했고, 현장 경험이 부족하다는 남자들의 무시가 괘씸하게 여겨져 현장 상주 감리도 자원했다. 현장 상주 일이 끝날 즈음에는 공식적인 증명이 필요하겠다는 생각에 자격증에 도전하여 건축시공기술사를 취득했다.

IMF를 막 지나 '밀레니엄 시대'라는 말이 유행하던 2000년에 나는 도곡동의 타워팰리스 현장 설계 팀에 있었다. 타워팰리스는 국내 초고층의 주상 복합 건물로 이를 설계하는 데 해외 엔지니어들과의 협업이 필요했다. 설계와 시공을 병행하는 패스트트랙Fast-Track 공정으로 업무 진행이 숨 쉴 틈도 없이 진행됐다. 타워팰리스 1차 현장이 안정화되고, 3차 현장 업무가 시작되던 때에 문제가 생겼다. 기본 설계를 외국에서 해온 상태로 3차 공사 초기 인허가 단계를 진행하고 있었는데, 내 모습을 돌아보니 참으로 초라하고 황폐하게 느껴졌다. 일을 시작한 지 13년이란 시간이 훌쩍 지나 있었지만 해외사와 일을 하면서 영어도 제대로

2 | 인생의 내비게이션에 꿈이라는 목적지를 찍자

못하는 내 모습이 한심하게까지 느껴졌다. 이제는 재충전을 해야겠다는 생각에 주변 모든 이의 만류에도 불구하고 사직을 하고서 캐나다로 훌쩍 떠나게 되었다.

훌쩍 떠나간 자리로 돌아오기

캐나다에서의 1년 반, 나는 참으로 열심히 놀고, 쉬었다. 누구는 이런 시간에 열심히 공부하고 뭔가를 준비했을 것이다. 그런데 나는 처음으로 내 인생에서 공부도, 일도 안 해도 되겠다는 생각이 들었다. 어학 공부는 파트타임으로 등록해두고, 여행을 다니고, 주위 학생들과 어울려 놀고, 한인 교회 봉사 활동에 참여하면서 나름대로 즐거운 시간을 보냈다.

하지만 전혀 성과가 없었던 것은 아니다. 놀고 쉬는 와중에도 앨버타 주의 공인 중개사에 도전하여 자격증을 땄고, 캐나다 부동산 회사에 에이전트로 등록하여 부동산 거래를 실제로 해봤다. 건축 일을 줄곧 해왔던 나에게 부동산 거래는 현지에서 할 수 있는 유사한 업무였다. 또 나름대로 캐나다 부동산 시장을 체험할 수 있겠다는 생각도 들어 시작했는데, 말도 잘 못하는 상황에서 어쭙잖게 한두 개의 거래를 하면서 새로운 경험을 한 시간이었다.

그렇게 이것저것 하며 시간이 지나자 수중에 가진 돈이 떨어졌다. 앞으로의 길을 모색해야만 했다. 이곳 캐나다에는 확실하게 내 자리라고 할 만한 일자리가 없었기에 그만 돌아가야겠단 결정을 하고 다시 우리나라로 돌아왔다. 2002년에 귀국하여 곧 재취업 준비를 했다. 혼자 뭔가를 시작할 수도 있었지만, 홀로 독립하여 힘든 도전을 하기보다 재취업이라는 길을 선택했다. 다시 둥지를 튼 곳이 지금 근무하고 있는 나우동인건축이다. 귀국 후 입사하여 올 11월이면 만 10년이 되도록 이 자리를 지키고 있다.

다시 시작한 직장 생활도 별반 다르지는 않았다. 내 적성과 소질이 디자인 분야보다는 프로젝트를 총괄하고 이끌어가는 프로젝트 매니저에 더 맞기 때문에 전 직장에서 했던 업무를 계속하게 되었다. 나름대로 열심히 업무에 매진하여 지금은 경영 총괄을 담당하는 전무 이사로 근무하고 있다.

삶에 대한 의문이 없는 인생

앞에서 나름 열심히 살아온 나의 삶을 돌아보았다. 나는 매일매일을 살아가면서 별다른 꿈도 목표도 없었다. 주위 사람들이 10대, 20대, 30대에 인생의 목표와 꿈을 세우고 그 꿈을 이루기 위한 구체적인 그림을 그릴 때 나도 옆에서 꿈과 목표에 대해 생각해보기는 했지만 결국은 어떤 꿈과 목표도 세우지를 못했다. 왜냐하면 나는 늘 나의 내일이, 10년 후가, 20년 후가 보이지 않았고 무엇이 되고 싶은지 알 수 없었으며 나의 천직이 무엇인지를 명확하게 대답할 수 없었기 때문이다. 내 앞에 세워 둘 어떤 그림도 없었다. 다르게 생각하면 늘 앞날이 두려웠던 것 같다. 오늘도 나는 내일이 두렵고, 반대로 기대가 된다. 나도 내가 무엇이 되고 싶은지 모르기에 무엇이 될지 두려움 반, 기대 반의 삶을 살고 있다.

건축 설계를 시작하면서 주변의 많은 동료나 선배에게 물어보면 건

    2 | 인생의 내비게이션에 꿈이라는 목적지를 찍자

번듯한 건물만 짓는 건축가가 아닌 어려운 사람들도 돌보는 가슴 따뜻한 건축인이 되고 싶다
(쪽방촌 시설 점검 봉사).

축이 자신의 천직이라 여기는 분들이 참으로 많았다. 그들의 확고한 길이 부러웠다. 나의 길이 무엇인지 알 수 없는 나로서는 참으로 부러운 일이 아닐 수 없었다. 돌아보면 나는 늘 남들이 기대하는 바에 따라 최선을 다한 것이 아니라, 그냥 내가 할 수 있는 만큼의 최선을 다했던 것 같다. 삶에 대한 의문이 별로 없었다. 그저 ‘오늘은 뭘 해야 하나, 상반기에 할 수 있는 게 뭘까, 올해 뭘 해도 될까?’ 정도의 고민을 했고 그 이상은 없었다.

공부를 계속할 여력도 이유도 없었기에 대학 졸업 후 직장 생활을 계속했다. 이후 우연한 계기로 2008년에서야 공학대학원에 진학해서 직장 생활과 공부를 병행하여 석사 학위를 취득했고, 올해 9월부터 도시공학과 박사 학위 과정에 진학하여 공부를 이어나가고 있는 상태이다. 건축 분야를 나무에 비유하면 도시 분야는 나무가 모여 이루는 울창한 숲에 해당한다. 삶의 전체 공간인 도시의 역사, 구조, 발전 방안, 정책 수립 등의 분야를 다루는 것으로 어느 것이 더 중요한지는 경중을 나누기 어렵다. 서로 보완적인 작용에 의해 공간의 질이 좌우되는 것이다. 그러기에 대학원 과정에서는 도시 분야의 공부를 통해 상호 작용의 가교 역할을 할 수 있는 심화된 전문가가 될 수 있었으면 한다.

주위에서 지금 그 나이에 무엇을 하려고 박사 과정을 시작하느냐는 우려의 소리를 많이 들었다. 나도 그 대답을 갖고 있지는 않다. 그냥 지금 할 수 있는 최선의 선택이라고밖에는.

    2 | 인생의 내비게이션에 꿈이라는 목적지를 찍자

100세 시대를 바라보며 오늘도 최선을 다한다

나는 긍정적이고 낙천적이며, 세상을 즐겁게 살고 싶다. 그래서 요즘 같은 100세 시대에는 어쩌면 100세까지도 살 수 있을지 모른다고 생각하는 평범한 사람이다. 또한, 지금까지 거의 25년이 넘게 종사해온 내 분야에서 좀 더 전문가로 인정받고 싶은 사람이다. 나는 특출한 능력과 재능을 지니지는 않았지만, 내 자리에서는 언제나 최선을 다하는 사람이다.

나는 건축을 전공했고, 거의 대부분의 일을 설계 사무실에서 해온 한 사람으로서, 앞으로도 이 분야의 일을 계속하게 될 것이다. 그래서 국가적 개발 방향과 사회 흐름의 기조를 이루는 건축 분야만이 아닌 도시라는 구조를 포함하여 전문가로서의 역할을 담당할 수 있게 되기를 바라는 마음으로 새로운 공부를 시작하고, 차근차근 나를 채워나가고자 한다. 나는 미래를 꿈꾸지는 않지만 지금보다 좀 더 나은 미래를 기대하기에 내가 할 수 있는 최선을 다해 오늘을 살아가는 사람이다. 돌아가는 세상의 굴렁쇠에 한 발을 얹고 더 잘 굴러가는 데 일조할 수 있기를 바라는 그냥 평범한 사람이다.

나는 그냥 사람 같은 사람이고 싶다.

崔銀圭

최은규

홍익대학교 건축학과를 졸업했으며 이화여자대학교에서 건축 구조 전공으로 석사와 박사 학위를 받았다. 이화여자대학교 연구 교수 및 (주)다우와키움건설 기술연구소 차장을 역임하고 현재는 CS구조엔지니어링 기술연구소 연구소장을 맡고 있다. 또한, 이화여자대학교와 숭실대학교 건축학과에서 강의를 하고 있으며, '잠실 롯데월드타워 구조 건전성 관리 기술(Structural Health Monitoring)'의 프로젝트 매니저, 국책연구과제인 '초고층 구조 건전성 관리 기술 매뉴얼 개발'의 연구책임자로 활동하고 있다. 민주통합당 제18대 대선 중앙선거대책위원회 '중소기업특별위원회' 기획위원으로 활동 중이다.

최 은 규

숫자로 짓는
나의 도시

인생의 내비게이션에 꿈이라는 목적지를 찍자

"'세상을 바꾸는 여성 엔지니어' 시리즈에 제 이야기를 싣는다고요?"
집필 요청을 받고 나는 우리 집 오른쪽에서 세 번째 책장의 두 번째 칸, 다섯 번째 줄을 향해 광속으로 달려갔다. 아니 이 책은……! 오래전 아버지께서 서점에서 발견하시고는 두 시간 거리를 한달음에 달려오셔서 선물해주셨던 바로 그 책이 아닌가. 이 책은 아버지와 나에게는 마치 잔다르크나 마리 퀴리의 전기와도 같던 책이었다. 말 그대로 '세상을 바꾸는' 공학계에 실존하는 전설들의 이야기였던 것이다. 아버지께 책을 받고 몇 년이 흐른 지금, 아직 부족한 내가 감히 이 책의 주인공 중 한 명이 되어 이렇게 글을 쓰고 있다니, 부끄러운 마음 한편에 부모님 앞에서 가슴 한번 쫙 펼 수 있는 영광스러운 계기가 되어 감개무량하다.

건축학을 공부하고자 하는 후배들이 "될성부른 나무는 떡잎부터 다른가요? 타고난 소질이 중요할까요?"라고 묻는다면 나는 뭐라고 답할 수 있을까. 나의 성장기를 돌아보니 솔직히 별다르게 특출한 건축가적 자질이 있지는 않았던 것 같다. 굳이 하나 꼽아 우기자면 꼬맹이 주제에 블록으로 빌딩이나 성을 거창하게 만들어놓고 친구들 작품과 남몰래 비교하며 혼자 그 독창성과 견고함에 뿌듯해했었다. 학창 시절에는 수학과 과학이 다른 과목보다 훨씬 재미있다는 단순한 이유로 당연한 듯 이과를 선택했지, 무슨 수학 신동이나 과학 영재였던 것도 아니었다. 약간은 막연하고 두루뭉술하게 과학자나 공학자를 꿈꾸며 진로를 고민하던 시기를 지나, 어느 날부터인가 '건축가'란 직업에 무한한 관심을 쏟고 있는 나를 발견하게 되었다. 당시에는 건축가에 관한 정보의 양과 질이 지금과는 비교가 되지 않을 정도로 소박하기 짝이 없었지만, 왠지 건축가가 아닌 다른 직업을 가진 나의 모습을 상상하기가 어려웠다. 다만 그때도 내가 꿈꾸던 건축가는 보통의 이미지는 아니었다. 나에게 건축가는 건물의 외관을 멋들어지게 쓱싹쓱싹 스케치하는 사람이 아니라 초고층 건물 모형 앞에서 연필을 쥐고 복잡한 계산을 하는 모습으로 떠올랐던 것을 보면, 어렴풋하게나마 디자이너보다는 엔지니어가 될 떡잎이었던 것 같다.

건축학을 전공으로 선택하려고 고려 중인 많은 여고생은 여기저기 들춰봐도 정보는 성에 안 차고, 적성에 대한 확신도 부족해서 막막한 마음이 들 것이다. 하지만 초능력이나 예지력을 갖고 있지 않다면 어느 분야든 힘들여 어지간한 경지에 이르기 전에는 자신이 그 분야에 정말 딱 맞는지, 그렇지 않은지를 미리 알 길은 없다. 다만 건축가를 꿈꾸는 후배들이 지금 가지고 있는 건축에 대한 뜨겁고 간절한 마음을 잃지 않

　　　　　　　　2 | 인생의 내비게이션에 꿈이라는 목적지를 찍자

고 계속 키워나간다면, 건축을 공부하는 과정에서의 육체적, 정신적 장벽쯤은 충분히 이겨나갈 수 있다는 말을 해주고 싶다. 나도 그랬다. 나도 10대에는 경험과 지식이 부족해 내가 무엇을 정말 잘하는지, 나에게 건축이라는 학문이 잘 맞는지 확신할 수 없었다. 그래도 한 가지 분명했던 것은 내가 좋아하고 관심 있는 것에 대한 확신이 내 마음 깊은 곳에 뚝심 있게 뿌리를 내려 무럭무럭 자라났다는 점이다. 그 나이에는 무모했던 것인지도 모르겠지만 말이다.

내가 좋아하는 것이 무엇인지, 즐기면서 몰두할 수 있는 일이 무엇인지, 내가 원하는 것이 무엇인지 항상 마음속에 새긴다면 어느 정도 불안감은 사라질 것이라고 믿는다. 내가 지금까지 여고 시절의 꿈을 계속 키워올 수 있었던 첫 번째 비결이라면 좋아하는 것에 집중하고, 즐기면서 열심히 할 수 있는 일을 우선적으로 선택해온 것이 아니었을까. 그리고 나의 미래에 대해 진지하게 고민할 때, 내면 깊숙이 내가 얻고자 하는 것, 하고자 하는 일, 되고자 하는 모습을 구체적으로 그려보는 훈련을 해온 것도 하나의 비결이라면 비결이겠다. 여학생들에게 이렇게 이야기해주고 싶다. "자! 준비되었나요? 되고 싶은 마음, 하고자 하는 열망만 있다면 그대도 건축가가 될 첫 번째 준비는 끝났습니다!"

꿈을 향해 드디어 출발!

여학생의 수가 현저히 적은 공대 생활은 어떨까? 나는 여중, 여고를 나와 청소년 시절 남학생들과의 교류가 전무했다. 사춘기 여학생이 느끼는 남학생에 대한 거부감으로 대학도 여대로 진학하고 싶었지만 당시에는 여대에 공대가 하나도 없었다. 내가 대학을 진학한 이듬해가 돼서야 이화여대에 최초로 공대가 설립되었으니, 익룡이 글라이딩 하던 시절 이야기다. 당시에는 1지망, 2지망이라는 제도가 있어서 두 개의 과를 지원할 수 있었는데, 나는 안타깝게도 1지망인 건축학과는 똑 떨어지고 2지망인 금속재료공학과에 붙었다. 재수 끝에 붙은 터라 하는 수 없이 썩 개운치 못한 마음으로 입학했으나, 이게 웬걸, 상상도 하지 못했던 꿈같은 대학 생활이 시작됐다. 입학하자마자 수많은 남자 선배가 밥 사준다, 술 사준다며 그야말로 줄을 섰고, 공대 학생이라면 피해 갈 수 없는 도면 통이며 모형이며 각종 도구 등 내 몸보다 큰 짐들을 남자 동기들이 경쟁하며 빼앗듯 들어주었다. 지금 이런 이야기를 하면 과거 왜곡이라고 질타를 받을지도 모르겠지만, 하여튼 덕분에 신입생 시절은 학교에 가는 것이 즐겁고 매일매일 신나는 날의 연속이었다. 보통 공대 하면 여학생들이 다수의 남학생 때문에 불편한 점이 많다고들 생각하는데, 꼭 그런 것만은 아니다. 오히려 여성이라는 이유만으로도 즐거운 일이 있을 수 있다는 얘기를 꼭 해주고 싶다. 게다가 나는 밤샘을 밥 먹듯 하는 전공 공부도 모자라 시간과 에너지를 쪼개 응원단과 광고 동아리의 열혈 회원으로 활동했으니, 대학 생활을 300퍼센트 즐겼음에 다시 돌아보아도 후회가 남지 않는다.

다른 전공을 생각지도 못했던 여고생이었던 나는 어느새 그냥 붙었으니 학교에 다니는 별생각 없는 대학생이 되어 있었다. 하지만 항상 건축가가 되겠다는 목표를 잊은 적은 없었기에 방법을 모색했고, 복수 전공과 전과라는 다소 험난한 여정을 거쳐 마침내 건축 전공으로 졸업을 할 수 있었다. 요즘은 학부제 시스템으로 전공 선택에 조금은 유리한 면이 있다. 꿈을 이루는 데는 꼭 한 가지 길만 있는 것은 아니다. 지름길도 있겠지만 한 가지 목표를 바라본다면 조금은 돌아가도 결국에는 한 방향으로 가고 있는 자신을 발견할 수 있을 것이다. 때로는 목표가 수정되기도 하고 뜻하지 않게 계획이 변경되는 일도 부지기수이지만, 목적지가 명확하다면 큰 지도 안에서 몇 번 우왕좌왕했다고 길을 잃는 것은 아니니 용기를 가지라고 말하고 싶다.

남녀 공학을 다니면서 즐거운 점도 있었지만 모든 일이 그렇듯 장점만 있는 것은 아니었다. 건축 설계에 관한 훈련 위주였던 학부를 마치고 나니 디자인에 대한 기본 철학을 갖출 수 있게 되었지만, 더욱 구체적으로 건축 구조 공학을 공부하여 건축 구조 엔지니어가 되고 싶다는 생각이 들었다. 그래서 이화여대 대학원에 진학하기로 결정을 내렸다. 원래 가고 싶었던 여대라 기대 충만하여 학교생활을 시작했지만, 대학원 시절을 보내면서 그전에는 느끼지 못했던 것들을 하나둘 깨닫기 시작했다. 공학에서는 여자라는 이유로 이모저모 배려를 받는 것이 좋았으나, 한편 힘든 일에서는 여자이기 때문에 조금 뒤로 물러나 있어도 된다는 생각을 하고 있었던 것 같다. 그때는 그 힘든 일이 동시에 중요한 일일 수도 있다는 것을 미처 몰랐다. 궂은일이건 고된 일이건 모든 일을 당연히 알아서 해내야 하는 여대 생활을 통해 나는 리더가 되는 연습을 할 수 있었고, 성 역할에 대한 고정관념에서 벗어나 한 명의 전문가로서 온전한 역할을 수행해내는 훈련을 할 수 있었다. 덕분에 영광스럽게도 이대 건축학과의 1호 박사가 될 수 있었다. 요즘 후배들이나 제자들이 처음부터 나 같은 시행착오 없이 제한된 여성의 역할이 아닌 온전한 한 사람으로서의 역할을 당당하게 잘 해내는 모습을 보면 대견하기도 하고 뿌듯하기도 하다. 그럼 이쯤에서 후배들에게 건축가가 될 두 번째 준비에 대해 말하고 싶다. 건축가가 되기 위한 첫걸음인 즐거운 대학 생활을 마음껏 누릴 준비를 하라고.

공순이 한눈팔다

2003년 겨울 박사 과정을 수료했을 즈음은 한창 총선 열기가 부풀어 오른 시기였다. 지금도 그렇지만 그때 이공계 기피 현상은 커다란 사회 이슈 중 하나였다. 이공계 기피 현상은 미래 산업에서 핵심을 차지할 산업 기술 인력의 질적 수준 저하를 야기할 수 있고, 결과적으로 국가 경쟁력에 심각한 타격을 줄 수 있다. 이 문제는 이공계인으로서 항상 마음에 걸리는 일이었기에 무엇인가 사회에 도움이 되는 일을 하고 싶었다. 그러던 중, 우연히 당시 집권 여당에서 정책위원을 공모한다는 기사를 보게 되었다. 이미 마감 날짜가 지났음에도 불구하고, 일단 한 번 부딪쳐보자는 심정으로 구구절절 내 견해를 밝힌 장문의 지원서를 보냈다. 마감도 지났고, 직함을 얻고자 하는 불타는 의지가 있었던 것도 아니었지만, 진심은 항상 통하는 법. 뜻밖에도 면접을 보러 오라는 연락을 받았다. 사실 덜 여문 학생 신분이었던 주제에 무슨 배짱인지 별 준비도 없이 젊은 혈기 하나만 두둑이 챙겨 들고 면접장에 갔다. 정말 모르는 게 약이었는지, 평소 고민했던 부분을 거침없고 꾸밈없이 피력했고, 운 좋게도 합격을 하게 되었다. 정책위원으로 활동한 경력은

　　　　　　　　　　　2 ｜ 인생의 내비게이션에 꿈이라는 목적지를 찍자

이후 이공계 여성을 대표하여 국회 의원 비례 대표 후보로 발탁될 수 있는 계기가 되었다.

고위 공직이나 정계에 이공계 출신의 인사가 매우 드문 것이 현실이다. 이것이 결국 한국 과학 기술 정책의 문제점과 한계라는 안타까운 결과를 낳았다. 또한 이를 개선하고자 하는 이공계 쪽 의견을 수렴하는 창구는 턱없이 부족한 데다 그나마 닫혀 있는 경우가 대부분이다. 아무도 대변해줄 사람이 없으니 이공계인들은 각자의 방에서 불평불만만 늘어놓고, 이러한 목소리는 결국 그 방 안에서만 맴돌다 묻혀버린다. 문제의식을 가진 학계나 산업계의 전문가들이 모여 여러 정책안에 대해 논의하는 것을 많이 보지만, 그들의 결론은 정책에 반영되지 못하고 대부분 탁상공론으로 끝나버리고 만다. 아무도 그 목소리를 모아 직접 전달하고, 정책에 반영하려고 노력하지 않는 것만 같았다. 그렇다면 내가 직접 해야겠다는 결심이 섰다. 아무도 안 하겠다면 내가 한다! 이왕이면 큰 목소리를 낼 수 있는 자리로 가자! 그래서 국회 의원 후보로 신청을 했고, 이공계 여성을 대변하는 자리에 뽑힐 수 있었다. 결국 후보의 자리에만 머물러 내가 뜻하는 바를 온전히 이루지는 못했지만, 이러한 작은 두드림이 모여 언젠가는 결국 이공계가 과학 입국으로서의 대한민국 입지를 단단하게 하는 중추 인력 집단으로 성장할 것이라고 믿는다. 이공학을 공부하는 여러분도 사명감을 갖고 이공계에 몸담는다면 금전적 안정이나 개인적 성취를 넘어서는 보람과 긍지를 맛볼 수 있다고 말해주고 싶다.

공학인들의 우선순위 중 첫 번째는 물론 자기 분야에서 전문성을 잃

학생들을 가르칠 때면 그들의 열정과 에너지를 나누어 받을 수 있음애 감사함을 느낀다.

지 않는 것이다. 그러기 위해서는 날로 발전되는 과학 기술과 동향을 끊임없이 학습하고 연구하는 데 게을러서는 안 된다. 두 번째로 끊임없이 공부함과 동시에 항상 사회에 눈을 뜨고 있어야 한다는 것도 잊지 않기 바란다. 내가 속해 있는 사회의 현상에 대한 식견과 견해가 확고하지 않다면 훌륭한 공학자도 될 수 없다고 생각한다. 공학은 결국 인간을 위한 학문이기 때문이다. 그것을 표출하는 데는 저마다 적당한 시기가 있을 것이고 여러 가지 방법과 경로가 있겠지만, 모든 후배가 우리 사회를 향한 시선과 관심을 절대 거두지 말길 바란다. 세 번째로 필요한 마음의 준비는 사람과 사회를 향한 지대한 관심과 애정이다.

2 | 인생의 내비게이션에 꿈이라는 목적지를 찍자

꿈을 현실로, 구조 엔지니어!

같은 건축 분야이지만 엄밀히 말하면 건축 구조 공학은 건축 설계 분야와 상이한 분야다. 건축 설계가 공간과 미학을 다루는 분야라면, 구조 공학은 건축물의 이른바 뼈대를 설계하는 분야로서 구조물이 안전하고 경제적으로 세워지도록 기술적인 근거를 마련하는 전문 분야다. 아름다운 건축물은 우리 도시에 생기와 활기를 북돋아줄 수 있다. 이러한 건축물들이 최첨단 구조 공학 덕택으로 계속해서 발전할 수 있고, 디자인 면에서도 더욱 다양화될 수 있는 것이다. 건축 구조 공학자는 건물에 가해지는 여러 가지 무게를 땅으로 어떻게 효율적인 전달을 할지 수학과 물리학으로 풀어낸다. 고전 건축 양식의 변화도 하나하나 따져보면 모두 구조적인 이유 때문이다. 그 시대에 유행하는 건축 재료의 역학적 특성에 따라 건축 양식들이 변화하는 모습을 보면, 예나 지금이나 건축에 있어서 구조의 역할은 아무리 강조해도 지나침이 없다고 할 수 있다.

구조 엔지니어는 사람들이 꿈꾸는 구조물을 현실화해준다. 63시티에 100층을 더 없은 초고층 빌딩을, 20만 명이 한데 모여서 응원할 수 있는 축구장을, 망망대해에서 골프를 칠 수 있는 해상 특급 호텔을, 대륙과 대륙을 연결하는 초장대 교량을 눈앞에 보이는 현실로 만들어주는 사람이 바로 구조 엔지니어인 것이다.

구조 엔지니어의 역할은 어떤 건축 디자인이라도 실제 공간에 단단히 서 있을 수 있도록 현실화하는 것이다. 태풍과 지진 등 자연재해에도 안전하며 테러로 인한 예상치 못한 큰 폭발이 일어나도 건물의 붕괴 가능성을 줄여 인명 피해를 최소화할 수 있도록 수학과 물리학에 기반을 둔

기술적인 시스템을 만들어 건축물에 반영하는 것이 구조 엔지니어의 가장 중요한 역할이다. 많은 사람의 보금자리와 직장, 우리가 매일 건너는 다리, 수많은 사람이 오가는 공공건물 등의 안전성을 과학적 기준을 바탕으로 책임지는 것이 구조 공학인들의 사명이자 큰 보람이다.

그럼 이제 네 번째 준비로 사람의 생명을 존중하고, 사회에 안전함을 뿌리내려주고, 내가 사는 도시에 서 있을 안전한 건축물을 설계할 멋진 여성 구조 엔지니어가 될 마음의 준비를 시작해야 할 때다.

평생 공부, 평생 학생

삶은 아무것도 속이지 않는다. 내가 살아온 대로, 내가 노력하고 투자한 시간만큼의 열매만 보답으로 다가온다. 전문가는 특히 그렇다. 시간이 지날수록, 경력이 쌓일수록 오히려 모르는 것이 더 많아진다. 그만큼 알아야 할 것이 더 많아지고 안 만큼 더 알 필요가 있기 때문이다. 이제는 어느 정도 전문가가 되었다고 생각한 때에도 역시 끊임없이 한 단계 더 올라서야 할 필요가 있다. 하루에 한 가지라도 배워야 한다. 어제보다는 더 나은 오늘의 나를 만들 필요가 있다. 내게 끝없는 배움은 지겹고 고통스러운 대상이라기보다는 살아 있다는 기쁨을 주는 존재이며 하루하루를 의욕 있게 생활토록 해주는 고마운 선물이다.

그래서 나는 배움의 일환으로 가르침을 택하고 있다. 사실 회사에서 실무를 하다 보면, 대학에 강의를 나가기 쉽지 않을 때가 많다. 워낙 건축 일이라는 것이 마감에 민감하고 협업이 필요한 업무가 많다 보니, 다양한 업체의 사람들과 회의도 빈번하고 급작스러운 일정도 많이 생기기

2 | 인생의 내비게이션에 꿈이라는 목적지를 찍자

때문이다. 때로는 절대 불변의 강의 시간을 지켜야만 하고, 알차게 강의 내용을 준비하는 일이 힘에 겨울 때도 있다. 하지만 학생들을 가르치는 일은 나에게 가장 큰 가르침을 주기 때문에 기꺼이 강의를 하게 된다. 이제 첫발을 내딛는 나의 후배이며 동료가 될 미래의 건축인들에게 나의 짧지만 살아 있는 경험과 지식을 정성스레 나누어주는 일은 그 무엇보다도 보람 있다. 또한 작은 일에도 깊이 고민하고 치열하게 해결해나가는 학생들의 모습은 나이 탓에 식기 쉬운 열정을 지속적으로 보충해주는 양식이 된다. 학생들이 나의 스승이 되는 셈이다.

지금 건축 기술은 그야말로 하늘 높은 줄 모르고, 땅 넓은 줄 모르고 발전하고 있다. 나는 지금 우리나라에서 가장 높은 빌딩이 될 123층 롯데월드타워의 구조적 안정성을 검토하는 모니터링 업무의 프로젝트 매니저 역할을 하고 있다. 대한민국의 건축 역사에 기록될 기념비적인 건물의 안전에 일조한다는 보람은 무엇에 견줄 수 없을 만큼 크다. 건축 기술이 빠르게 발전할수록 공부해야 할 것이 여전히 엄청나게 많고, 배워야 할 것도 엄청나게 많다. 하지만 오늘 난 내가 20년 전에 꿈에 그리던 내 모습, 고층 빌딩과 함께 매일매일 고민하는 바로 그 행복한 엔지니어가 되어 있음에 자다가도 실실 웃을 만큼 기쁨을 느낀다.

하루아침에는 아니더라도 매일 조금씩 더 나은 세상으로 바꾸어나가는 여성 엔지니어 대열에 여러분도 하루빨리 참여하기를 희망하고, 또 환영한다. 어서 이 대열에 함께해서 여러분의 꿈을 펼칠 수 있기를!

박 지 원

경기대학교 건축공학과를 졸업하고 중앙대학교 대학원에서 건설경영관리학과 석사 학위를 받았다. 현재 SK건설에 재직 중이며 사우디아라비아 킹압둘라 석유연구복합단지(KAPSARC) 프로젝트에 이어 아랍에미리트 내 아부다비 PISA(PI Staff Accommodation) 프로젝트의 공무부장으로 근무하고 있다. 또한 서울시청 설계 변경 심의위원으로 활동 중이다.

이메일: jwpark-a@nate.com

박 지 원

만 명 중
여자는
단 한 명

선택의 여지가 없었던 사우디아라비아행

"4일 후에 사우디 현장에 가야 하는데 두 사람 중에 누가 나와 동행할 수 있지?" 전무님이 나와 L 부장에게 질문을 던진 그때부터 사우디아라비아와 나의 인연은 시작되었다.

사우디아라비아는 건설 회사에서 '금녀의 나라'라고도 할 수 있을 정도로 여자에게는 비자도 잘 나오지 않는 곳이기에 여자인 내가 갈 가능성은 희박했다. 그런데도 나와 사우디아라비아의 인연이 시작된 것은 여자는 진짜 비자가 나오지 않는지 시험 삼아 신청해본 장난 때문이었다. 결국 나는 비자를 보유한 직원이 되어 내심 남자인 L 부장과 함께 가기를 원했던 전무님의 기대와는 달리 사우디아라비아에 동행하게 되었다.

사우디아라비아는 입국 장소부터 중동의 다른 나라들과 달랐다. 종교적으로 규율이 엄격한 나라이기에 여자는 무조건 검은 망토 모양의

나에게 사우디아라비아는 검은 아바야와 함께 시작되었다.

아바야를 입어야 했다. 그래서 경유하는 두바이 공항에서 익숙하지 않은 검은 의상으로 갈아입고 사우디아라비아로 향했다.

입국 전 사우디아라비아에 이미 다녀온 직원들이 여러 조언을 해주었다. 입국장에는 자국민보다 인도, 파키스탄, 스리랑카 등지에서 건설 현장의 일꾼으로 돈을 벌기 위해 들어오는 외국인이 많으므로 지문 검사 등으로 입국 심사가 한 사람당 15분에서 30분 정도 걸린다는 것이다. 그래서 줄을 잘못 서면 세 시간에서 네 시간은 걸릴 수 있으니 무조건 짧은 줄에 서야 한다고 했다.

리야드 공항 입국장에 들어서자마자 나는 제일 짧은 줄을 찾으면서 공항 내부를 가득 메운 허름한 복장의 인도, 파키스탄, 스리랑카 등지에서 온 남자들을 보며 놀라지 않을 수 없었다. 건설 현장에서 돈을 벌기 위해 줄을 서 있는 그들을 보면서 1970년대와 1980년대 우리 아버지들을 떠올렸다.

한여름에는 아스팔트 온도가 60~70도까지도 올라간다는 이 열사의 나라에서 가족과 떨어져 고생하면서 돈을 버신 우리의 아버지들. 아마도 그들이 계셨기에 지금의 대한민국이 있고, 이렇게 엔지니어로서 사우디아라비아에 입국할 수 있는 내가 있는 것이 아니겠느냐는 생각이 스치면서 가슴 저 밑에서 뭔가 뭉클해짐을 느꼈다.

입국 심사원의 짧은 질문과 대답 그리고 지문 검사를 마치는 데 한 시간 정도가 걸렸고, 그다음으로 짐 검사를 해야 했다. 사우디아라비아는 돼지고기와 술 등 금지 물품이 많다 보니 입국 심사 시에 모든 짐에 엑스레이 검사를 실시한다.

아뿔싸! 직원들 나눠줄 짐 중에 돼지고기가 들어 있는 짜파게티와 스팸이 있다는 생각이 들자 짐 검사를 하는 내내 심장이 쿵쾅쿵쾅 뛰고 표정 관리가 되지 않았다.

뭔가가 의심되었는지 검사원이 여권을 달라고 하더니 두 개의 상자를 풀어보라고 했다. 만약에 걸리면 추방이라고 들은 터라 심장이 쿵 하고 내려앉았다. 떨리는 손으로 첫 번째 상자를 뜯었는데 낱개의 커피믹스가 와르르 쏟아졌다. 조금이라도 무게가 덜 나가게 하려고 포장지는 버린 뒤 낱개의 커피믹스만 가득 채우고 겨우 포장한 터라 여는 순간 쏟아져 내린 것이다. 뭐냐고 물어봐서 직원들에게 줄 한국 커피믹스라고 했더니 쏟아진 커피믹스에 놀랐는지 두 번째 상자는 안을 들여다보지 않고 돼지고기가 있느냐는 질문을 해서 태연히 없다고 답을 해 무사히 통과할 수 있었다. 상자를 열어보라는 경우는 드물다고 하는데 나는 여자 혼자 입국하며 짐이 많아서인지 이후에도 입국할 때마다 계속 짐 검사를 받아야만 했다.

이곳은 여자는 운전을 할 수 없고, 호텔과 식당에서도 남녀의 구역이 구분되어 있으며, 가족 구역에서만 남자와 동석을 할 수 있다. 이토록 여자에게 엄격한 사우디아라비아에서의 험난한 일정이 시작되었다.

여자는 출입구를 통과할 수 없다

새벽 4시. 모스크에서 나는 새벽을 알리는 기도 소리에 잠을 잘 수 없어 이리저리 뒤척이다 5시 30분에 숙소를 나섰다. 새벽에 울리는 모스크의 기도 소리는 시차 적응 또는 현장 적응하기까지 나의 자명종과도 같았는데 시간이 흐르면서 어느 순간 기도 소리가 자장가처럼 들리기 시작했다. 기도 소리를 듣지 못하고 늦잠을 잔 적도 있다. 인간은 정말 적응의 동물이라는 것을 사우디아라비아에서 적응하고 있는 나를 보면서 실감하게 됐다.

숙소에서 나와 차를 타고 30분 정도 달리다 보면 현장의 중심 출입구에 도착한다. 대부분 현장의 출입구에는 건설 회사의 경비원이 서 있는데 이곳은 발주처에서 출입을 철저하게 관리하고 있었다. 정복을 입은 경비원이 차를 세우고는 ID 카드를 한 명씩 확인하고 있었다. 나도 미리 건네받은 ID 카드를 제시했는데 경비원이 "여자는 통과할 수 없다"라고 말을 하며 제지했다.

"사우디아라비아에 여자는 입국하기 어렵다"라는 말은 들어봤으나 우리 회사 현장을 눈앞에 두고 못 들어갈 줄은 상상도 못했다. 어찌 된 것인지 현장에 있는 관리팀에 확인을 해보니 사우디아라비아에서는 여자가 일을 할 수 없기 때문에 발주처에서 여자가 출입할 일은 없다고

여자라는 장벽을 뚫고 사우디아라비아에서 시공한 건물들.

판단하여 출입을 금지했던 것이었다.

　나중에 리야드 시내 쇼핑몰에 가서 여자 속옷 상점에서 일하는 남자 점원을 보고 사우디아라비아에서 여자는 일을 하지 못한다는 사실을 확실히 알 수 있었다. 너무나 많은 것을 제한하는 이곳에서 건설 현장에 여자가 출입한다는 것은 더욱이 상상할 수도 없는 일이었을 것이다. 출입을 통제받은 나는 현장 안으로 들어가는 다른 직원들을 뒤로하고 다시 숙소로 돌아올 수밖에 없었다. 숙소에 있는 동안 정말 많은 생각이 머리를 스치고 지나갔다. '내가 왜 이곳까지 왔을까? 정말 내가 와야만 했나?' 미리 발주처에 확인을 하지 않은 현장 직원들에게 섭섭함을 느끼는 나 자신을 보면서 어느 순간 난 한 회사의 직원이 아닌 '여자'가 되어 있었고 여자에 대한 배려를 해주지 않은 직원들에게 섭섭함을 느끼고 있었다. 사실 현장 직원들이 무슨 잘못이 있겠는가, 그들도 생각지 못한 일이라 나보다도 더 황당했을 텐데.

다음 날, 발주처와 협의가 되어 그 뒤로는 통과하는 데 문제가 없었지만 초보 운전자가 첫 사고를 경험하면 사고 난 지점을 지날 때마다 심장 박동이 빨라지는 것처럼, 그 이후에도 출입구를 통과할 때마다 심장이 쿵쾅쿵쾅 뛰는 것은 어쩔 수 없었다.

만 명 중의 한 명

"까마귀다! 어, 현장에 여자가 왔다!"

저 멀리서 수염이 덥수룩한 남자가 나를 보고 소리를 질렀다. 남자들만 있는 현장에 검은 옷을 입고 서 있는 내가 너무도 눈에 띄었고 반갑기도 하여 큰 소리로 말한 것이다.

까마귀라는 말이 생소한 데다, 많은 표현 중에 왜 하필 까마귀라고 하는지 처음에는 의구심이 났다. 소리를 지른 그분뿐만이 아니라 나를 보는 모든 분이 까마귀라 부르시기에 왜 그렇게 부르는지 정말 궁금했다. 그런데 사우디아라비아의 쇼핑몰을 가본 사람은 왜 까마귀라고 부르는지 알 것이다. 여자들은 머리부터 발끝까지 까맣게 두르는데, 심한 사람은 손에도 검은 장갑을 두르고 있어 팔을 양쪽으로 펴면 한 마리의 까마귀와 같다. 검은 무리가 지나가면 영락없는 까마귀 떼였다.

까마귀가 되어 시작된 현장 생활은 출장으로 첫발을 뗐지만, 나중에는 아예 그 지역으로 부임되어버렸다. 사우디아라비아의 현장 생활은 여자가 혼자였기에 불편한 것이 너무도 많았지만 대신 많은 동료의 사랑을 받을 수 있었다. 현장에 나오는 인원이 총 만 명. 만 명 중에 여자

   2 ㅣ 인생의 내비게이션에 꿈이라는 목적지를 찍자

는 한 사람. 아마도 세계 어느 곳을 가도 만 명의 남자 중에 여자가 한 명인 곳은 내가 있던 그 현장 말고는 없을 것이다.

현장에서나 사무실에서나 내가 지나가기만 하면 일하는 사람들이 눈이 똥그래져서 내게서 눈을 떼지 못했다. 군대에서 군인들이 여자를 보는 기분이 아마도 이런 것이 아닐까 싶다. 말도 제대로 붙이지 못하고 내가 지나가면 서로 피하느라 바빴다. 남자들 틈에서 여자는 생활할 수 있어도 여자들 틈에서 남자는 생활하기 힘들다고 했던 말이 실감 나는 현장 생활이었다.

어느 정도 시간이 흐른 뒤에는 외국 직원들과 친숙해졌다. 자신들이 알고 있는 한국말로 내게 "안녕하세요?"라고 건네보기도 하고 맛있는 간식을 싸 오는 날이면 품에 안고 와서는 내놓고 가기도 했다. 현장 생활을 한 약 7개월의 기간 동안 나는 군대를 갔다 왔다고 생각한다. 숙소와 현장의 반복적인 공동체 생활. 다 함께 고생했던 그 시간은 아마도 내게 잊지 못할 추억으로 남을 것이며 함께한 동료들과는 오랜 시간 술자리 안줏거리가 될 것이다. 내게 있어 그 시간은 직장 생활의 내공을 한 단계 키운 시간이었고 여자와 남자가 아닌 동료애로 뭉쳤던 소중한 시간이었다.

공학인으로 직장생활을 한다는 것

여자. 직장을 다니면서 일에 있어서는 여자라는 단어를 잊고 생활하고, 일이 아닌 동료로서는 여자라는 것을 잘 살리면서 생활하는 것이 나의 신념이며 지금까지 직장 생활을 잘하게 한 원동력이다. 사우디아라비아에서의 생활도 그 신념으로 지냈기 때문에 길다면 긴 7개월을 즐겁게 생활할 수 있었다. "힘들다, 힘들다"라고 계속 되뇌고 있었다면 아마도 3개월 이상 버티기 힘들었을 것이고 지금쯤 본사 다른 팀에 가 있었을 것이다.

공학인으로서 직장 생활을 하는 것은 무수히 많은 남자와 경쟁하고 부딪힌다는 것을 의미한다. 하지만 나와 같은 선배들이 후배들을 위해서 힘든 과정을 벌써 겪었기에 여자이기 때문에 받는 불이익이나 여자이기 때문에 겪는 힘든 직장 생활은 줄었을 것이라 믿는다. 이제 후배들은 여자라는 것보다 공학인으로서의 성취감과 직장 생활을 어떻게 잘할 것인가만 고민하고 해답을 찾을 일만 남았다. 지난 2009년에 내가 쓴 글을 본 고등학교 후배가 메일을 보내온 적이 있었다.

…… 제가 박지원 선생님을 알게 된 계기는 학교 도서실에서 《세상을 바꾸는 여성 엔지니어》라는 책을 통해서였습니다. 제 장래 희망은 물론 건축가이고 건축학과를 목표로 열심히 달리고 있습니다. 선생님의 짧지만 강한 여운이 있는 글을 읽고 감명을 많이 받았습니다. 아무래도 제가 고 3인지라 장래에 대한 부푼 기대, 미래에 대한 걱정, 입시에 대한 막막함이 큽니다. ……

2009년에 짧은 글을 기고하면서 유명인도 아니고 나라를 위해서 큰 업적을 남기지도 않은 정말 평범한 직장인인 내가 후배들에게 역할 모델이 될 수 있을지 의구심을 가졌다. 그런데 고등학교 후배의 메일을

    2 ｜ 인생의 내비게이션에 꿈이라는 목적지를 찍자

받고는 짧고 평범한 글이지만 꿈을 키우는 친구들에게는 내 글이 어쩌면 방향타가 될 수도 있다는 것을 알게 되었다. 그래서 사우디아라비아의 생활을 한번 적어봐야겠다는 생각이 들었고 건설인이 느끼는 자부심이 무엇인지를 전달하고 싶어 다시 한 번 펜을 들었다.

　고되고 힘든 현장 생활이지만 나의 땀으로 일궈낸 완성된 건물을 보는 날이면 그동안 고생했던 순간은 잊어버리고 이루 말할 수 없는 성취감을 느낀다. 그래서 건설인들은 또다시 건설 현장을 찾아 떠나게 된다. 산모가 진통을 할 때는 다시는 아기를 낳지 않는다고 하지만 새 생명을 얻고 나서는 다 잊고 또다시 산모가 되는 것과 같을 것이다. 하나의 건물을 짓기 위해서는 정말 많은 사람의 피와 땀이 필요하다. 벽돌 한 장을 쌓았어도 완성된 건물을 지나갈 때면 자기 아이들한테 “얘들아, 내가 저 건물 지은 거야!”라고 말한다고 한다. 그게 바로 성취감과 자부심일 것이다. 후배들한테 말하고 싶다. “후배님들, 내가 지은 건물 한번 만들어보지 않을래요? 그리고 나처럼 성취감을 마음껏 느껴보고, 그 매력에 빠져보세요!”

임 지 연 2010년 2월 건국대학교 생물산업기계공학과를 졸업하고 2010년 8월 한국 GM에 입사했다. 현재 생산기술연구소 프레스금형담당 금형기술실행팀 소속으로 근무하고 있으며, 자동차 산업의 영향력 있는 '엔지니어' 이자 '글로벌 리더'라는 꿈을 향해 노력하는 중이다.
이메일: ljy88222@hanmail.net, www.facebook.com/Jeeyoun222

임 지 연

내 삶을
엔지니어링하다

여성 엔지니어, 더 이상 호기심의 대상이 아니다

"네가 자동차 회사 엔지니어가 되었단 말이야? 네가 정말 기계 공학을 선택했어?" "기계 공학과 졸업하기 어렵지 않았어요? 여자가 버티기 어려웠을 텐데……." 중·고등학교 친구들, 주위 분들, 같은 공학계에 계신 분들, 심지어 가족들까지 내게 이런 말을 하곤 한다. 그때마다 느껴지는 피로감에 짧은 미소와 상투적인 대답을 하고는 하지만 '도대체 왜! 어디가 놀라운 거야?' 라고 생각하며 마음속으로는 할 말이 많고도 길다.

아직 여성 엔지니어가 많지 않은 상황에서 대학교를 졸업한 지 얼마 되지 않은 사회 초년생인 내게 호기심이 생겨 나오는 질문임을 잘 알고 있다. 이런 호기심 어린 질문은 공학을 공부하는 여성이라면 누구나 한 번쯤 듣게 될 질문이다. 사람들의 이 같은 궁금증이 언제쯤 끝날지 모르겠지만 확실한 것은 우리가 더욱 분발하고 노력해야 한다는 것이다. 그래서 앞으로 여러분과 함께 노력해야 할 경력 2년 차 스물다섯 살 엔지니어인 내 이야기를 먼저 나눠보자는 결정을 조심스럽게 했다.

나는 무한한 가능성을 지닌 여러분보다 그저 조금 빨리 시작한 사람일 뿐이기에 현재는 어떤 훌륭한 조언과 가이드라인을 제시할 수 없지만, 내가 겪은 경험이 단 한 명의 후배에게라도 해볼 만하다는 자신감과 당장에라도 책상으로 달려가 앉고 싶은 의지를 만들어준다면 좋겠다. 더하여 여러분의 현명함과 객관적인 판단으로 좋은 점은 받아들이되 지적할 만한 것과 옳지 않다고 생각하는 것은 과감히 삭제하며 읽어주길 바란다.

Just be yourself. 나다운 것

"기계 공학을 전공했다.""직업이 엔지니어다." 이런 이야기를 들으면 당연하게 가지는 고정관념이 있는 것 같다. 왠지 고지식할 것만 같고, 성장기 시절 학교에서는 과학부에서 활동하며 한 번쯤 수학 경시 대회에서 1등을 해봤을 것만 같은 학생. 패션 트렌드에는 문외한에다가 남성스러울 것 같은 이미지. 대체 누가 만든 틀인지는 모르겠지만 대부분 여자 공대생들에 대해 그렇게 생각하는 것 같다. 솔직히 나는 이러한 고정관념과는 거리가 먼 사람이다. 타고난 엘리트나 얌전한 모범생은 아니었고 노는 것을 훨씬 좋아했다. 고등학교 시절에는 연예인 한번 해보지 않겠느냐는 제안에 그것이 내 길인 줄 알고 해보려 하다가 아버지께 엄청나게 혼나기도 했고 대학교 다닐 때는 시험을 보는 날에도 하이힐을 고수했다.

다른 사람들은 아침까지 공부하느라 외모에 신경을 쓰지 못하고 나

   2 ㅣ 인생의 내비게이션에 꿈이라는 목적지를 찍자

오는데 꾸미는 걸 좋아하는 내 모습이 세간의 기준에는 공대생답지 않았기 때문인지 이상하게 보기도 했다. 그러나 그런 것에 별로 신경 쓰지 않았다. 오히려 사람들의 생각을 변화시키기 위해서 더 열심히 공부할 때도 있었고, 학업에 대한 정보를 나누고 공유하면서 인식을 바꿀 수 있도록 노력했다.

특별히 스펙을 쌓으려 인턴을 해본 적은 없었는데 다른 친구들이 전공과 관련된 인턴을 찾아 지원할 때 옷을 좋아하고 관심이 많은 나는 남다른 경험이 분명 도움이 될 것이라고 스스로 합리화를 시키며 해외 구매 대행 패션 MD를 해보기도 했다. 게다가 GM KOREA 면접에서도 예쁘게 보이고 싶었던 나는 분홍색 정장을 입고 검은 정장 무리 속에서 당당하게 합격했다. 후에 들은 이야기이지만 면접 복장이 0점인 지원자가 있는데 아마 떨어질 거라는 말까지 돌았다고 한다. 정해진 규정이 있는 것도 아니니 내가 기분이 좋고 스스로 자신감이 있어야 보는 사람도 그렇게 봐줄 것이라 생각했기 때문에 문제 될 것이 없다고 생각했다.

공대생이라서, 남자들 사이에서 일한다고 해서, 일부러 남자처럼 털털한 척하려고 하거나 여성으로서의 본질을 잃어가면서까지 따라 하려고 노력할 필요는 없다. 그럴수록 오히려 여성성을 어필하면서도 일하는 부분에 있어서는 욕심도 부릴 줄 알며 잘 해내기 위해 노력하고 그에 대한 성과를 보여주면 된다고 생각한다. 여성 엔지니어 스스로 이렇게 한 가지씩 차근차근 노력하는 것이 부정적 인식을 바꿀 수 있는 가장 강력한 방법이지 않을까 싶다.

자동차 엔지니어로서의 공식적인 시작

나는 한국 GM 생산기술연구소 프레스담당 금형기술실행팀에 입사한 2년 차 사원이다. 자동차 엔지니어라고 하면 자동차 정비는 기본으로 할 수 있는 데다 세상에 있는 자동차 종류는 모두 꿰고 있을 것이라고 생각할지 모르니, 먼저 간략히 내 업무에 대해 소개를 하겠다.

자동차 회사 안에는 연구소, 디자인, 파워 트레인 부문 등의 다양한 분야가 있고 각각 큰 비중을 차지하고 있지만 실질적으로 자동차가 생산되기 위해서는 생산기술연구소 안의 프레스, 차체, 도장, 조립의 과정을 거쳐야 한다. 그중 프레스는 금형이라는 틀과 프레스 기계를 이용하여 자동차의 콘셉트에 맞는 패널을 만들어내는 곳이다. 자동차 양산과 출시를 위해 차량 개발을 도와야 하므로 필요한 시기에 고품질의 패널을 공급하는 것이 주요 업무이며 그 과정에서 발생하는 문제점을 현장과 소통하며 수정 방안을 찾아 해결한다.

현장과 사무실을 오르내리며 일하기 때문에 출근하자마자 나는 먼저 작업복으로 갈아입는다. 처음에는 귀찮기도 했고 예쁜 옷을 입는 사내 여직원들 사이에서 비교되는 것 같아 씁쓸하기도 했지만 지금은 그 위에 묻은 기름때와 먼지가 엔지니어임을 나타내는 신분증 같아서 자부심을 느낀다.

내가 입사한 지 얼마 안 되었을 때 한번은 이런 일이 있었다. 휴일 근무를 하던 일요일 오후에 당시 내 첫 사수였던 선배가 지하실로 잠깐 내려오라고 하셨다. 지하실에는 패널이 많았기 때문에 처음에는 그저 참고용 패널을 살펴보는 줄 알았지만 전혀 예상치도 못하게 그곳에서

　　　　　　　2 ｜ 인생의 내비게이션에 꿈이라는 목적지를 찍자

판넬 품질을 확인하는 모습. 현장에 있을 때 늘 활기와 자극을 받는다.

선배에게 혼이 났다. 혼났다기보다는 안일하고 꼼꼼하지 못했던 내 잘못을 가르쳐주셨다고 해야 맞겠다. 눈물이 곧 뚝뚝 떨어질 것 같았는데 선배 앞에서는 울기 싫어서 이를 꽉 깨물고 참았다. 물론 그렇게 생각하실 분은 절대로 아니지만 여자라 한마디 했더니 운다고 생각하실까 봐 더 울지 못했다.

등을 돌리자마자 눈물이 주르륵 흘러내렸다. 나 자신에게 실망스러웠고, 억울하고 답답했기 때문이었다. 더 잘할 수 있었는데, 더 잘해낼 수 있었는데 하는 그런 마음이었다. 지금도 나를 그렇게 대해주시고 가르쳐주신 사수에게 진심으로 감사한다. 이렇게 여자도 당연히 똑같은 대우를 받고 혼나고 치이면서 배워야 경쟁력이 생긴다고 생각한다. 아직도 우리나라 기업은 어디든지 미미하게나마 여성에 대한 선입견이 존재하기 마련이다. 개인의 성향과 특성은 고려되지 않은 채 여성이기 때문에 더 꼼꼼하게 잘할 것이라 여겨져 맡게 되는 일도 있다. 반대로 여자이기 때문에 힘들 것이고, 모를 것이라는 편견 때문에 괴로울 때도 있다.

그렇지만 어찌 됐건 나에게 온 일은 제대로 처리하고 나서 스스로 당당해졌을 때 의견을 내세우는 게 옳다고 생각한다. 여자라서 이런 것을 시키나 하는 괜한 피해 의식을 가질 필요도 없다. 억울하면 더 잘해내면 되고 후회 없이 최선을 다한 후에 결과로 보여주면 된다. 여성 엔지니어를 보는 시각은 전적으로 사회적 문제라고 할 수는 없는 것 같다. 여성 개인도 풀어가려 노력해야 하는 일이라고 생각한다. 그래서 나는 두 팔 벌려 모든 일을 환영하고 있다. 혼자 투덜거리고 불평할 때도 있지만 내 능력과 가치를 보여줄 기회를 매번 갖는다는 생각으로 배우는 중이다.

살면서 초심을 불러일으켜줄 우즈베키스탄행

길지 않은 내 삶을 통틀어 우즈베키스탄에서 보낸 3개월이 집에서 떨어져 지낸 최장 기간이었다. 다른 친구들처럼 홀로 단기 어학연수조차 가본 적이 없었기 때문에 긴장했던 것은 사실이지만 예상하지 못했던 우즈베키스탄행이 어마어마한 기회가 될 것이란 생각에 그저 즐겁고 설렜다. 이러한 내 마음과는 달리 주위 분들은 오히려 걱정이 끊이지를 않았다. 심지어 다녀온 뒤에도 걱정이 한동안 계속 이어졌다. 먼 나라에서 낯선 문화와 환경에 적응하는 것 자체도 쉬운 일은 아닐뿐더러 남

    2 | 인생의 내비게이션에 꿈이라는 목적지를 찍자

자들 사이에서 여자가 홀로 일해야 했기에 걱정을 샀던 것 같다.

우즈베키스탄행 비행기에서 내리면서부터 심상치 않은 분위기를 피부로 느꼈다. 공항이 온통 사람들로 뒤섞여서 내 짐이 어디에서 나오는지도 모를 정도였기에 혹시 잃어버리는 것은 아닐까 한시도 눈을 뗄 수 없었다. 우즈베키스탄 수도인 타슈켄트에서 GM 공장까지 산을 넘으며 비포장도로를 여섯 시간 달렸다. 달려가는 동안 재래식 화장실에 적응하지 못한 나는 물 한 모금도 마시지 못했다.

우즈베키스탄에서 무엇보다도 가장 어려웠던 점은 사람들의 시선이었다. 근무를 시작한 날부터 태어나서 처음으로 동물원 원숭이가 된 것 같은 기분을 느꼈다. 내가 시선을 돌릴 때까지 부담스러우리만큼 신기한 눈으로 나를 뚫어지게 쳐다보았는데 대다수의 사람들이 동양 여자를 처음 보기 때문이라는 사실을 알았지만 초기에는 적응이 되지 않았다. GM 우즈베키스탄 안에서도 현장은 물론이고 사무실에서조차 여자를 찾아보기는 어렵기 때문에 내게 더 호의적으로 잘 대해주기도 했다.

그러나 우즈베키스탄에는 아직 남성 우월주의가 남아 있어서 단지 드문 동양 여자이기 때문에 잘해준 것뿐이지 엔지니어로서 정당한 대우를 해준 것은 아니었다. 동양에서 온 조그마한 여자가 엔지니어로 왔다고 하니 무시하는 눈빛도 있었다. 그래서 일부러 더 큰소리도 쳤고, 여자인 나도 이렇게 열심히 일한다는 모습을 보여주려고 노력했다. 그렇게 움츠러들지 않고 당당하게 행동하다 보니 점점 나에게 의견을 물어보거나 확인을 받는 일이 잦아졌고 내 지시에 집중하고 따랐다. 나중에는 여성으로서가 아닌 엔지니어로서 대해주기 시작하여 자신감도

엔지니어의 길을 걷는 동안 초심을 불러일으켜줄 나의 첫 GM 우즈베키스탄 프로젝트(GM 우즈베키스탄 동료들).

생겼고 고맙기도 했다. 그러다 보니 책임감이 생겼는지 잘해내고 싶어서 의욕이 앞선 것도 사실이다. 실력이 더 뒷받침되어주었다면 좋았을 텐데 경험이 부족했기에 답답한 마음에 공장 앞에서 혼자 펑펑 울기도 했다.

어려웠던 부분도 분명히 있었지만 우즈베키스탄에서 보낸 3개월이 앞으로 엔지니어로 살아가는 데 초심을 불러일으키며 큰 도움이 될 것 같다. 의욕만 가지고는 일을 제대로 해낼 수 없으며 경험과 의지가 충만할 때 성과를 얻을 수 있다는 것을 깨달았다. 앞으로 일을 하다가 난관에 부딪힐 때면 우즈베키스탄에서 보낸 시간을 떠올리게 될 것만 같다.

   2 | 인생의 내비게이션에 꿈이라는 목적지를 찍자

오늘도 공대 아름이, 공순이는 달린다.

제목에 '공대 아름이'와 '공순이'라는 말을 꺼낸 것은 엔지니어로 즐기며 살자는 의미다. 다른 어떤 전공자나 다른 어떤 직업을 가진 여성도 가질 수 없는 특별한 별명이기에 저 두 별명을 좋아한다. 앞으로 내가 어느 자리에서 어떤 모습의 엔지니어가 되더라도 이러한 특별함에 감사하며 끊임없이 배워나갈 것이다. 물론 여성이라는 점에 더 관심이 집중되어 엔지니어로서 본질이 흐려지는 일이 있어서는 안 되겠지만, 여성이 드문 분야에서 일한다는 특별함을 즐기면서 나만의 개성과 지식을 겸비한 엔지니어로 성장하고 싶다.

나는 아직도 실천할 수 있을까 싶을 정도의 방대한 내 인생 계획을 세워놓고는 마치 이루어진 것처럼 상상하고 행복해한다. 아직도 하고 싶은 일, 해야 할 것들이 너무나 많기에 가슴이 두근거린다. 지금 여러분이 어떤 꿈을 꾸고 그리고 있을지는 모르겠으나, 꿈을 향해 가는 동안 이게 맞나 싶은 의심이 들어 멈칫하거나 장애물에 걸려 넘어지더라도 멈추지 않고 나와 함께 달렸으면 좋겠다. 분홍색 작업복은 왜 없을까 하는 엉뚱한 생각도 같이 해볼 기회가 많아졌으면 하는 바람을 가지고 나와 여러분을 누구보다 크게 응원한다!

세상을 향해 별을 쏘다

文
男
嬾

문 남 미 이화여자대학교에서 학사, 석사, 박사 학위를 받고, 아주대학교 조교수 대우, 이화여자대학교 연구 교수, 서울벤처전문대학원 교수, 한국이러닝학회장을 역임했다. 현재 한국방송공학회 상임 이사, 한국정보인협회 부회장, 호서대학교 교수로 활동하고 있다.

문 남 미

봉산개도 逢山開道
우수가교 遇水架橋

한 발 한 발 꾸준하게 나간다

"봉산개도 우수가교逢山開道遇水架橋"는 미국 힐러리 클린턴 국무장관이 미·중 전략 경제 대회에서 인용한 중국 고사성어로 화제가 되었던 말이다. '산을 만나면 길을 트고, 물을 만나면 다리를 놓는다'라는 뜻으로, '굳은 의지를 가지고 한 발 한 발 나간다' 또는 '물러서지 않고, 더디더라도 한 발 한 발 꾸준하게 앞으로 나간다'는 의미다. 조조가 '산에 막혀 갈 수 없다'는 휘하의 장수에게 이 말을 했다고 한다. 이 말은 내 삶에 좌우명 같은 말이다.

나 자신을 스스로 평가해보면 세상을 바꾸는 여성 엔지니어라고 말하기는 어렵고 여성 엔지니어의 평균을 잘 이해할 수밖에 없는 사람인 것 같다. 어려서부터 나는 학자였던 아버지와 그 시대에 대학원까지 나오신 어머니 덕분에 공부를 밥 먹는 것만큼 해야 하는 것으로 알았다. 어려서 교수 사택에서 자랐기에 이웃집 어르신들이 모두 교수셨다. 옆

집도 앞집도 모두 교수님들이 살고 계셔서 나도 자라면 마땅히 교수가 되는 줄 알았다. 철없던 시절을 지나서도 언젠가는 교수가 되려니 하고 살았다.

그러나 남들처럼 빠른 시간에 그 자리에 설 수 있었던 것은 아니다. 어려서는 공부만 잘하면 칭찬을 들을 수 있지만, 나이가 들어서는 하나하나 해야만 하는 역할이 늘어나므로 좀처럼 칭찬을 들을 기회가 없다. 여자인 나에게는 공부를 잘하는 학생 역할 외에도 세 아이의 엄마로서, 시부모를 모시고 사는 며느리로서, 부인으로서, 여자에게 맡겨진 다른 역할이 많아서 쉽게 칭찬을 들을 수 없다. 나이 쉰을 넘겼을 때, 삶을 되돌아보며 이것저것 되짚어보았다. 많은 분이 함께 내 삶을 만들어주셨다. 참 감사한 일이다. 내게 지금까지 삶에서 가장 중요한 것을 꼽으라면 신앙, 가족, 동료다.

가장 어려울 때 함께 해준 분과의 약속

초등학교 친구들이 나를 떠올리면, 똘똘하고 까맣고 달리기 잘하는 친구라 한다. 우등상을 늘 받았으니 똘똘한 녀석에 해당할 것이고, 워낙 피부가 까맸던지라 까만 피부로 기억할 것이고 반장을 항상 했으니 적어도 까만 얼굴을 기억할 만큼은 앞에 섰을 것이다. 그리고 학교에서 제일 빨리 달려서 대표를 하고 있었으니 잘 달리는 친구로 기억할 만하다.

중·고등학교 때도 별반 다르지 않았다. 육상 대회가 있어 학교 대표로 나가야 할 일이 있으면 당연히 내가 나가는 식이었다. 그러나 겉보

3 | 변화에 맞서라, 그리고 동참하라

기와는 달리 약골이라 병치레가 잦았다. 빈혈 때문에 조회 중에 쓰러지고, 사흘에 한 번은 체증에 시달렸다.

그러다 대학교 4학년 때 갑상샘 이상이 생기고 몇 가지 병도 함께 생겨 약을 달고 살게 되었다. 결핵도 앓게 되어서 혼자 쉬는 시간이 길어질 수밖에 없었다. 다른 사람에게 아픈 상태를 표 내기 싫어 덕분에 한동안 냉담하던 교회에 열심히 다니게 되었다. 가장 힘든 때 내 아픔과 힘듦을 온전히 다 보여줘도 부끄럽지 않은 하나님께 두 손을 모아 기도했다. 제 꿈이 무엇인지 아직 모르겠으나, 당신 뜻이 제 뜻이 되게 해주십사 하고 열심히 기도했다. 그리고 몸이 회복되었을 때 하나님과의 약속을 지키기 위해서 주일 학교 교사로 아이들을 가르치기 시작했다. 처음 다른 사람을 가르치는 일을 시작한 것이다. 읽고 또 읽어야 아이들에게 쉽게 다가갈 수 있다는 사실을 배웠다. 이해하는 것으로는 가르칠 수 없다는 깨달음의 축복을 남들보다 빨리 경험한 것이다. 하나님과의 약속을 지키기 위해 시작한 일이었으나 내 삶의 가치관을 바꾸는 큰 흐름의 변화가 되었다. 가장 힘든 때 함께할 수 있는 분이 있다는 것은 삶에 축복이다.

가족은 내가 받은 가장 큰 축복

누구에게나 가족이 있다. 가족은 누구에게나 축복이다. 내게도 가족은 큰 축복이다. 혼자일 때 사람은 외롭고 힘들기 마련이라 가족이라는 무리 속에서 서로 기대고 의지하며 살아나가는 것인지 모르겠다. 나는 언니, 여동생, 남동생이 있다. 모두 자기의 역할을 하며 열심히 살아가고 있다. 얼마 전, 친정어머니 생신으로 가족이 모여 앉았을 때 언니가 이런 우스갯소리를 했다. "우리 문씨 자매를 드세다고 말할지 모르나, 사실은 착하다." 남편에게 착한 것만으로는 살기 힘든 세상이라 어쩔 수 없이 드센 것이니 이해하라는 당부도 깔린 말이었다. 드세지 않았다면 어쩌면 지금 자기 자리에서 한몫하는 여자로 서 있지 못했을 수도 있다. 순종적이고 착하기만 한 여자는 남자들에게 이상형이 될지는 모르겠으나, 우리 사회에서 한몫을 당당히 해내는 사회인이 되기는 어렵다고 생각한다. 칠거지악을 지키던 시대와 지금을 같은 눈금자를 들이대고 봐서는 안 된다. 미국에서 공부하던 시절, 내 성적이 남편 성적보다 잘 나온 것은 시댁에서 큰 사건이었다. 시어머니께는 남편이 결혼해서 살이 찐 것도, 내 성적이 잘 나온 것도 모두 며느리를 혼내는 이유가 되었다. 세월이 바뀌었으니 요즘 시어머니들은 아마도 직설 화법으로 며느리를 혼내시지는 않으리라. 그래도 혼을 낼 방법을 찾고는 싶으실지 모르겠다.

우리나라에 돌아와서 다시 공부를 시작할 때도, 시간 강사를 할 때도 혼나야 하는 이유는 다양했다. 그때는 몰랐지만 훗날 생각해보니 시어머니는 귀여운 손주가 엄마와 지내는 시간이 부족해서 안타까우셨나 보다. 지금 내가 다시 30대 초반으로 돌아간다면 시어머니께 작정하고 하소연을 했을 것이다. 함께하는 가족을 이해시키는 일이 중요하다는 사실을 한참을 고생하고 나서야 비로소 깨달았다. 시대가 점점 변해감에 따라 여자, 엄마, 며느리를 측정하는 눈금자도 바뀌어야 한다. 스스로 만들고 인정한 눈금자라면 그 눈금자는 공유해서 사용되어야

    3 ｜ 변화에 맞서라, 그리고 동참하라

10년 만에 연 이화여자대학교 공과대학 컴퓨터공학과 동창회. 올해로 30주년 맞이했다.

한다. 우리는 공학도로서 표준이 주는 의미를 잘 알기 때문이다. 표준이 그냥 만들어지는 일이 없듯이 노력해서 인정받아야 할 것이다.

함께 가는 동료들은 내 삶의 일부

박사 학위를 받고 처음 내 연구실이 생겼을 때 후배들이 사준 오디오는 이제 꽤 낡았다. 오디오에서 소리가 안 나서 고치러 갔더니 수리하시는 분이 혀를 찼다. 이제는 부품도 없을뿐더러 이것을 고치느니 차라리 사란다. 그 오디오가 내게는 초심이라는 상징적인 의미가 있어서 고치려고 노력한다고 설명할 수도 없는 노릇이었다. 새것을 장만할 수 있는 경비를 들여서 사정사정해서 수리하여 다시 연구실 제자리에 가져다 놓았다. 어렵게 부품을 찾아 고쳐준 기사 아저씨께 감사 인사를 몇 번이나 하고 찾아왔다. 요즘 PC 오디오 기능보다도 못한 것이지만 더없이 소중하다.

내게는 평생을 함께하는 후배들이 있다. 내가 힘들어 지칠 때면 스스로 낮춰 웃게 만들어주고, 내가 더 이상 못하겠다 하면 기꺼이 손 내밀어 함께 어깨동무해서 걸어주는 후배들이다. 모두 여자 후배라는 점에서 더 잘 이해해주는 것인지도 모르겠다. 내가 좀 모자란 일을 했더라도 나를 왕 언니로 대접해주는 후배들이 있어 험난한 바깥세상을 버티었을지 모른다.

이화여대 컴퓨터공학과는 이런저런 이유로 10년이라는 긴 시간 동안 동창회를 열지 않았다. 하지만 30주년에는 우리가 함께한 컴퓨터공학과의 기념식을 챙겨야겠다는 생각에 후배들과 의논했다. 모두 바쁜 친구들인데 하나가 되어, 360명이 한데 모여 10년 만에 동창회를 열 수 있게 애써주었다. 함께하는 자리, 그 자리는 빛이 났다. '우리'를 확인할 수 있는 자리라서 더욱 빛이 났다. 행복했다. 하나하나는 힘없이 작을지 모르나 함께하면 커진다. 늘 그 후배들이 있어 우리는 커질 수 있다고 생각한다. 내가 서 있는 자리에는 늘 후배들과 친구들이 있어 외롭지 않다. 노를 저어도 혼자 저으면 재미가 없다. 이제 후배들은 더 이상 후배가 아니다. 삶을 함께하는 동료다.

나의 꿈은 현재진행형이다

사람마다 삶을 측정하는 눈금자는 다르다. 표준을 만들듯 자기 눈금자를 만들어야 하지만 눈금자를 혼자 갖고 있어서는 안 된다. 함께하는

　　　3 ｜ 변화에 맞서라, 그리고 동참하라

사람과 공유하는 눈금자이어야만 하는 것이다.

　인정할 것은 인정하자. 아이를 기르며 참 행복한 순간들이 많았다. 가정을 돌보는 것을 자기가 잘할 수 있다고 생각한다면 지금 하는 일이 좀 늦게 진행된다 해도 불행하게 생각하지 말자. 꼭 하고 싶은 일이라면 좀 돌아서 가면 되는 것이다. 산이 막혀 있으면 길을 트거나 그도 힘들면 산을 돌아서 가면 되고, 물을 만나면 다리를 놓거나 옆길을 찾아서 걸을 수도 있다. 그 덕에 물소리와 바람 소리도 듣고, 해 넘어가는 석양의 아름다움도 다시 한 번 느끼고, 길을 함께한 벗의 노랫소리도 들으면 된다. 조금 돌아간다고 해서 큰일 나는 일은 절대 없다. 돌아가다 보면 마음에 여유가 생겨서 그다음에 더 잘해낼 힘의 근원이 생길 수도 있다. 향을 맡을 수 있는 능력도 생길 것이다. 그러니 지금 당장 눈앞에 보이는 길만 길이라고 생각하지 말자. 그리고 뒤돌아 생각해보자. 누구나 정말 간절히 원하는 것이 있었다면 다 이루어졌을 것이다. 그것이 안 이루어졌다면 간절함이 덜 했을 것이라고 생각하지 않는가? 정말 원하는 것이라면 포기하지 않을 테니 좀 늦을 뿐이지 안 된 것이 아니다. 나는 지금도 확신한다. 뭐든 내가 원하는 것이라면 이루어진다고. 내가 믿기 때문에 노력할 것이고 내가 원하는 한 진행형으로 끝이 없는 것이니 계속될 수밖에 없다.

　석사 과정을 마치고 결혼해서 미국으로 공부하러 건너갔다. 박사 과정에 들어가 수업을 들은 지 3년 만에 돌아와야 했다. 시아버지가 편찮으셨다. 장기 계획을 세우고 있었기에 아이들을 낳고 수업도 조금씩만 듣고 있었던 나로서는 황당한 일이었다. 작은 꼬마 둘을 데리고 돌아오는 것은 당연한 상황이 되어버렸다. 돌아와 시간강사를 하며 새로 생긴 이화여대 박사 과정에 들어갔다. 미국에서 공부하던 것이 인정되리라 생각했는데, 전공이 바뀌어서 불가했다. 처음부터 다시 시작이었다. 그래서 6년이라는 세월이 또 지나갔다. 박사 과정에서 공부한 지 10년 만에 졸업한 셈이었다. 지금 생각하면 참 말도 안 되는 일이지만, 그때는 박사 과정 학생이 지금처럼 많지 않아서 원칙도 달랐다. 그리고 지도교수의 말이 바로 법이었던 때였다. 그래도 학교 밖에서 보면 이화여대 컴퓨터공학과의 첫 박사 배출인지라 언론사에서 학교로 찾아와 인터뷰를 진행했다. 앞으로의 꿈을 묻기에 이화여대에서 박사 학위를 받게 돼서 감사하고, 앞으로 또 다른 학생의 스승이 되어 꿈을 나누고 싶다고 했다. 졸업 후 아주대학교에서 조교수 대우로 가르치는 일의 첫걸음을 내디뎠다. 참 많은 분이 도움을 주셨다. 햇병아리 교수에게 물 마시는 법, 먹이 찾는 법, 어미 닭을 잘 쫓아다니는 법까지 자세히도 알려주셨다. 아주대학교 인트라넷과 홈페이지를 잇는 작업도 맡겨주셨다.

믿음을 주는 학교의 분위기는 성장할 기회를 주었다. 그러나 학교에 운전을 하고 가는 길에 몇 번이나 빈혈이 와서 사고가 날 위험까지 겪었다. 학장님께서 직장을 옮기지 말고 집을 옮기라고 충고해주셨지만 집안 분위기상 그럴 수 없었다. 이때 이화여대에서 연구 교수 제안이 들어와서 이화여대 연구 교수 겸 인터넷연구센터장으로 이직을 했다. 죄송한 마음이 들었지만 내가 가장 좋아하는 모교라서 결심할 수 있었다. 우수 연구 교수가 되기도 하며 참 많은 연구를 했다. 지금도 교수로서 힘들 때면 멘토가 되어주시는 연구소장님은 당시에도 많은 도움을

     3 | 변화에 맞서라, 그리고 동참하라

주셨다. 그때나 지금이나 연구를 할 수 있는 근원이 되어주신다.

연구소장님은 변화를 두려워하지 말아야 한다는 것을 깨닫게 해주셨다. 컴퓨터 분야는 끊임없이 변화하기 때문에 변화를 두려워하면 안 된다. 방송과 컴퓨터의 만남에 대한 연구를 그 당시 남들보다 좀 더 빠르게 시작했다. 그 연구 위에 이러닝 연구를 시작해서 EBS 이러닝 시스템을 만들고, KBS와 TV 전자상거래인 티커머스T-Commerce 관련 연구를 시작할 수 있었던 것도 두려움을 갖지 않고 새로운 것에 도전했기 때문이었다. 이런 연구 과정에서 자연스럽게 MPEG 21 국제 표준을 함께하게 되었다. 생각해보면 이러닝도 엄마라서 남보다 쉽게 접근할 수 있었고, 티커머스도 여자라서 TV 중심 상거래를 더 잘 이해할 수 있었다고 생각한다.

학교 법인 호서에서 서울벤처전문대학원을 세우며 새 꿈을 펼치자고 제의했을 때, 연구소장님도 새로운 변화에 잘 적응해서 키워보라고 하셨다. 학교를 만들고 싶은 것이 평생 꿈이라고 말했던 대로, 서울벤처전문대학원으로 자리를 옮겨 연구를 계속해나갔다. 그러나 연구처장직을 하면서 연구하는 것은 쉽지 않았다. 서울시 이러닝 연구사업단을 받아서 사업단도 함께해나가야 하는 상황이라서 늘 자정이 다 돼서야 퇴근할 수 있었다. 지금이야 TV와 모바일과 웹이 어우러지는 것이 당연한 일이지만 2002년에 이런 이야기를 하며 연구를 진행하는 것은 그리 쉬운 일이 아니었다.

미국 국방성 산하 ADL과 기술 협력 MOU를 우리나라를 대표하여 체결했다.

변화는 새로움이고 신선함이다

호서 법인의 설립자이신 명예 총장님은 지금 백수를 넘기셨다. 긴 삶의 원동력은 변화라고 하신다. 나이가 많다고 변화가 멈추는 것이 아니라는 사실을 함께 모시고 일하며 배웠다. 그러나 이렇게 끊임없이 새로운 변화를 추구하다 보니 집에 있는 내 아이들과 함께하는 시간이 적을 수밖에 없었다. 다행히 세 명의 아이들은 서로 잘 도와서 외롭지 않게 지냈다. 그리고 내 삶의 영순위는 자기들이라는 사실을 아이들이 잘 이해해주었다. 장관상을 세 번 받고, 총장상, 우수 논문상, 최우수 연구자상 등 나라에서 주는 상, 학교에서 주는 상을 참 많이도 받았다. 그러나 내게는 이런 상보다 집에 들어가서 "엄마, 사랑해"라고 아이들이 말해주는 것이 가장 큰 상이다. 물론 아이들이 이제 훌쩍 커버려서 서운한 마

     3 | 변화에 맞서라, 그리고 동참하라

음이 든다. 좀 더 아이들과 많은 시간을 함께하지 못했기 때문에 오는 서운함이다. 그러나 그 시간에 내 삶을 열심히 살았다고 생각하기에 후회하지는 않는다. 현재는 법인 내에서 학교를 옮겨 호서대학교에서 근무하고 있다. 같은 법인 안에 있지만 많은 변화가 찾아왔다. 그러나 변화는 새로움이고 신선함이므로 적응을 잘해나가리라 생각한다. 내게는 사랑하는 많은 제자와 함께 삶을 살아가는 동료와 나를 지탱해주는 가족이 있으니까 말이다.

2011년 학술진흥재단 과학기술부 우수연구성과에 선정되어 1년간 성과물을 전시했다.

허원회 국민대학교 전자공학과를 졸업하고, 뉴욕의 프랫 인스티튜트에서 컴퓨터그래픽 미술학 석사, 서울과학기술대학교 IT 디자인 융합프로그램 디지털콘텐츠디자인 전공 디자인학 박사 학위를 받았다. NY Evergreen Publishing & Design 디자이너, In & Out 멀티미디어 실장, Screen & Media 멀티기획 실장을 역임했다. 현재 성결대학교 멀티미디어공학부 조교수, 여성공학기술인협회 이사, (주)CODE 42 자문위원을 맡고 있다. 저서로는《디지털 콘텐츠 3D 캐릭터의 이해》《디지털 콘텐츠 디자인의 이해》(공저) 등이 있다.

나만의 색깔로
세상과 소통하라

내가 주인이지 못했던 삶에서 드디어 길을 찾다

어린 시절 나는 친구를 좋아하고 엉뚱한 상상을 즐기는 평범한 아이였다. 친구들과 공기놀이, 고무줄놀이, 딱지놀이 등을 하는 것이 마냥 즐거웠다. 지금 생각해보면 내 사고의 원천은 어린 시절 동네 아이들, 학교 친구들과 원 없이 어울려 놀던 그때에 있는 것 같다. 학교에 다닐 때 단 한 번도 전학을 간 적이 없었던 나는 비교적 안정적인 학창 시절을 보냈다. 그래서인지 도전과 모험을 그다지 즐기지 않았고, 부모님의 말씀에 반항적이지 않은 밋밋하고 그저그런 모습의 대학생이 되어 있었다. 하지만 공부에서 해방되었다고 생각했기에 대학 생활은 꿈만 같았다. 먼저 동아리 활동을 열심히 하며 그동안 꺼내지 못했던 끼를 마음껏 발산했다. 정말 내 모든 열정을 쏟아 노래 동아리 활동에 힘썼다. 동아리 선후배들과 동기들과 함께 만들어가는 공연은 말로 표현할 수 없는 감동과 성취감을 주었다. 물론 생각만큼 노래를 잘하지 못한다는 사

실을 깨닫는 중요한 계기가 되기도 했지만 말이다. 어쨌든 좋은 사람들
과 어울리며 대학 생활이 풍요로워졌다.

반면에 공대에서의 학교생활은 순탄하지 못했다. 수학과 물리, 전자
학과 회로공학, 컴퓨터 프로그램은 생소하고 재미가 없었다. 왜 배워야
하는지, 내가 무엇을 알고 싶어 하는지도 몰랐으며 그때는 중요성을 깨
닫지도 못했다. 들어야 하는 과목을 들었고 시키는 대로 공부했기에 매
력을 느낄 수 없었다. 공부하는 주체가 내가 아니었다. 그렇게 무의미
하게 반복되는 학기를 몇 차례 보내니 3학년 2학기가 되었다. 졸업에
대한 두려움이 엄습해왔다. 내가 주인이지 못했던 삶 속에서 어디로 어
떻게 취업해야 할지 결정하는 것은 쉽지 않았다.

매킨토시에 매료되다

1990년대 초반 컴퓨터는 지금의 컴퓨터와 많이 달랐다. GUI 그래픽
사용자 인터페이스는 스티브 잡스의 혁신을 통해 가능했으므로 매킨
토시 컴퓨터가 널리 보급되지 않았던 그 시절에는 컴퓨터 언어를 배워
야만 컴퓨터를 다룰 수 있었다. 나는 띄어쓰기와 점 하나에 에러가 나
고 결과값을 볼 수 없는 시스템에 상처받으며 컴퓨터를 미워하고 있었
다. 그러던 중 수업 시간에 교수님께서 설명해주신 매킨토시는 내 귀를
의심하게 했다. 매킨토시는 컴퓨터를 배우면서 어려워서 바뀌었으면
하는 부분이 거짓말처럼 개선된 새로운 개념의 컴퓨터였다. 그때 난 그
컴퓨터가 어떻게 생겼는지, 어떻게 작동되는지, 그것으로 무엇을 할 수
있는지 궁금했다. 수업 시간 중간에 잠깐 스치며 설명해주셨을 뿐인데

     3 | 변화에 맞서라, 그리고 동참하라

참을 수 없는 호기심에 여기저기 수소문해 그 컴퓨터를 볼 수 있는 곳을 알아보았다. 우리 학과는 한참 C 언어에 심취해 있을 때였으므로 수소문 끝에 시각디자인학과에 매킨토시와 관련한 과목이 개설되어 있다는 것을 알게 됐다. 시간 강의를 하시는 교수님을 무작정 찾아갔다. 지금 생각해보면 그런 용기가 어디서 나왔는지 의아하다. 훤칠한 키에 훈남이셨던 교수님은 유학을 마치고 돌아온 지 얼마 되지 않으셨는데 그래서인지 뉴욕에서 보낸 유학 생활을 이야기하시며 더불어 컴퓨터의 역사에 큰 변화가 일고 있다는 친절한 설명을 해주셨다. 그리고 내 호기심을 높이 칭찬하시면서 내 생각에 힘을 싣는 좋은 말씀을 해주셨다. 내 성격상 모르는 사람에게 먼저 다가가 말을 걸지 못했는데 궁금한 것이 생기니 나도 모르게 용기가 났다.

교수님 말씀에 힘을 얻어 종로에 있는 학원에 등록했다. 하고 싶고 알고 싶고 궁금한 것이 생기면서 나는 수동적인 태도에서 능동적으로 변화하기 시작했다. 주체가 나로 전환되는 짜릿한 경험을 하게 된 것이다. 나는 적극적인 사람으로 바뀌어 알고 싶은 것의 답을 찾기 위해 열심히 발로 뛰면서 즐거움을 느낄 수 있었다. 학원에서 겪은 모든 경험은 기쁘고 달콤했다. 만나는 사람들도 모두 좋았다.

매킨토시는 신세계를 경험하게 해주었다. 어려운 도스로 명령어를 입력하는 방법을 배워야만 컴퓨터를 다룰 수 있었던 당시에 매킨토시는 내게 몹시 소중한 존재가 되었고 딱딱한 컴퓨터가 아닌 따뜻한 컴퓨터가 되어주었다. 하드 80Mb, 램 4Mb. 지금의 최첨단 컴퓨터를 사용하는 사람들에게는 초라한 사양이지만 그때 당시 아이콘, 메뉴, 마우스

등의 GUI 시스템은 나를 사로잡기 충분한 요소였다. 무엇보다 설명서 대신 자신의 의지로 작업 요령을 터득할 수 있다는 것에 매료되었다. 매킨토시는 기존의 컴퓨터 오퍼레이팅 시스템에서 벗어나 사용자 측면에서 제작된 쉽고 간편한 컴퓨터였다. 컴퓨터는 더 이상 전문가의 영역이 아니라 누구나 쉽게 사용할 수 있는 기계로 탈바꿈하고 있었다. 더욱이 매킨토시는 겉모양부터 남달랐고 사진과 같은 놀라운 품질의 그림을 다룰 수도 있었다. 나를 얼마큼 알아주느냐에 따라 기계와도 깊은 관계 맺기가 가능하다는 것을 그때 처음 알았다. 나를 알아주는 컴퓨터를 통해 소통의 중요성을 깨닫게 된 것이다.

이처럼 사용자를 배려하는 기술이 요즘 화두가 되고 있는 융합이다. 따라서 공학과 디자인의 결합이 무엇보다 필요하다고 생각한다. 이 둘은 떼래야 뗄 수 없는 관계가 아닐까? 맛있는 음식을 검은 비닐봉지에 담아낸다면 아무도 그 음식의 가치를 알아차리지 못할 것이다. 또, 금띠를 두른 접시 위에 놓인 음식이라도 맛이 없다면 관심을 가졌다가 금방 외면할 것이다. 의미 있는 결과물을 멋진 디자인으로 완성하는 것이 얼마나 아름다운 일인지 생각해볼 만하다.

나는 공학을 전공했지만 컴퓨터그래픽을 공부하기 위해 유학길에 올랐다. 뉴욕에서의 유학 생활은 세상을 좀 더 넓은 시각으로 바라볼 수 있는 계기가 되었다. 다른 나라 사람들과의 만남과 교류를 통해 세상에는 정말 많은 다름이 존재한다는 사실을 알게 되었고 인정하게 되었다. 서로 다른 점을 인정하는 것은 내 사고의 폭을 넓히는 원동력이 되었으며, 다른 문화를 접함으로써 내가 당연하게 느꼈던 우리나라 문

   3 | 변화에 맞서라, 그리고 동참하라

공학을 전공했지만 컴퓨터그래픽 공부를 위해 유학길에 올랐다(뉴욕 프랫 인스티튜트 교정).

화의 고유성을 깨닫게 되었다.

나도 누군가의 배경이 될 수 있다

우리는 누구나 자기 인생의 주인공이다. 어디서나 주인공이 되려면 나를 지지하는 주변이 필요하다. 결혼과 동시에 나를 중심으로 돌아가던 세상에 변화가 일었다. 새해가 되면 달력에 제일 먼저 표시했던 내 생일이 순서에서 점점 뒤로 밀리기 시작했다. 양가의 대소사가 우선이 된 것이다. 처음에는 낯설고 힘들었지만 나는 그렇게 어른이 되어가고 있었다. 또 한 번의 거대한 가치관의 변화는 엄마가 되면서 겪었다. 마음먹으면 아이가 쉽게 생기는 줄 알았는데 내게는 그렇게 당연한 일이 쉽게 일어나지 않았다. 1999년 결혼한 지 3년 만에 노력과 고생 끝에 눈물로 얻은 딸아이는 나를 한없이 변화시켰다. 세상은 내 아이를 중심으로 돌아가고 있었다. 모든 것을 내려놓고 온전히 아이를 위해 존재하는 것이 그렇게 기쁠 수 없었다. 이 세상의 모든 아이가, 모든 사람이 얼마나 소중하고 존귀한 존재인지 깨닫는 나 자신이 신기할 따름이었다. 여성은 오랜 세월 이러한 경험을 통해 타인을 배려하고 상대방 입장에서 생각하는 공감의 능력이 뛰어나도록 진화해온 것 같다. 공감과 배려는 다른 말이지만 결국은 같은 뜻이라고 할 수 있을 만큼 관련이 깊다. 지금도 내 삶의 주인공은 여전히 나다. 하지만 이제는 나만을 생각하는 이기적인 내가 아닌 배경에 겸손한 주인공이다. 나도 누군가의 배경이 되고 있음을 깨달았기 때문이다.

우리는 간혹 자신의 열정으로 타인을 불편하게 할 때가 있다. 자신의 열정을 잘 다스리는 것은 주위와 조화에 힘쓸 때 가능하다. 아름다운 건축물은 주위의 자연환경이나 주변의 다른 건축물과 조화를 이룰 때 더욱더 빛을 발하고 사람들에게 칭송받는다. 이처럼 진정한 주인공은 주위에 있는 사람들을 배려하고 그들과 함께 화합을 이룰 수 있어야 한다고 생각한다. 공감은 남을 위한 것이 아니라 나를 위한 것이다. 남을 이해함으로써 나 자신을 이해할 수 있게 되는 것이 아닐까?

변화에 맞서 동참하라, 그리고 행동하라

세상은 끊임없이 변화한다. 낡은 가치관과 규범은 힘을 잃고 새로운 문화가 싹트고 창조된다. 이러한 변화의 물결 속에서 나 자신의 작은 변화가 세상을 바꾸어가는 것이다. 우리는 과거에서 영감을 얻어 나를 더

    3 | 변화에 맞서라, 그리고 동참하라

해 새로운 것을 창조한
다. 사람들을 흔들어
깨울 수 있는 영감은
찾으려 노력하는 자에
게 다가온다. 변화에
편승하기 위해서는 호
기심을 잃지 않는 것이
중요하다. 영감과 호
기심을 통해 상상력을

가치 있는 아이디어를 전하기 위해 오늘도 학생들과 함께한다(성결 대학교 학생들과 함께).

자극하는 일은 생각만 해도 신난다. 세상을 더 알고 싶어 할수록 강력하고 명확한 주제를 찾을 확률이 높아지고 자신이 할 수 있는, 해야 할 일을 찾을 수 있다.

TED는 기술Technology, 오락Entertainment, 디자인Design을 조합한 약어로 1984년 정보기술 전문가 리처드 솔 워먼 등이 창설한 국제 콘퍼런스다. 공유할 가치가 있는 아이디어를 모토로 전 세계의 지식인이 모여 창조적 아이디어에 대해 토론하고 교감하는 기분 좋은 콘퍼런스로 자리매김하고 있다. 기술, 오락, 디자인의 세 가지 분야를 지칭하지만 21세기에 널리 알려야 할 아이디어는 이 셋을 함께 통합하지 않고는 이야기하기 어려울 것이다. 가치 있는 아이디어를 널리 공유해야 한다는 21세기 사람들의 생각이 TED 강연을 통해 빛을 발하고 있다.

지금까지는 현대 문명이 개인을 작아지게 하고 창조와 모험을 줄여 사회에 순응하고 답습하는 방법으로 발전해왔다면 이제 인류의 생각과 문화를 바꿀 만한 IT의 흐름, 즉 기술 혁명이 TED와 같은 방법으로 세상을 흔들어 깨우고 있다. 새로운 네트워크로 연결된 지능 세대가 충만한 약속의 시대를 이끌게 될지는 아무도 모른다. 다만 척박한 환경에 처한 현실에서 사람들은 절망하고 포기하기 쉬우나 우리 스스로 성공에 대한 굳은 의지를 내면에서 이끌어낼 수 있다면 반드시 이룰 수 있을 것이다. 교류의 기회를 놓치지 말고 자발적 토론과 만남으로 시야를 넓히며 변화를 두려워 말고 동참하라. 그리고 내 생각을 행동에 옮겨라. 실천하고 움직이는 것이 변화의 시대를 살고 있는 우리에게 꼭 필요한 지침이 아닐까 싶다.

세상과의 만남을 통해 소통한다

미국 뉴욕의 비영리 재단 아시아 소사이어티가 최근 발표한 〈아시아 여성 지위 실태 보고서〉는 한국의 남녀평등 실태를 파키스탄, 네팔, 인도와 같은 수준으로 평가했다. 여성 학력 세계 최고의 수준을 자랑하는 우리나라 여성의 지위는 여성 문맹률 80퍼센트가 넘는 인도와 비슷한 실정인 셈이다. 배우고 꿈꾼 만큼 실현을 기대하지만 대한민국의 현실은 그리 녹록하지 않다. 그러나 환경에 굴복하고 좌절할 수만은 없다. 진정한 남녀평등 없이는 인류의 비전이 없다는 마음가짐으로 세상을 포용하는 것이 필요하다. 우리나라 여성들은 남성 위주의 사회에서 여성으로 살아가며 비슷한 처지의 사회 소수자 계층을 보는 시각을 달리할 수 있다. 사회의 틀에 박힌 사고와 조금 다른 관점과 시각에서 생각하는 것이 가능하고 이것을 내가 할 수 있는 일과 결부할 때 좀 더 폭넓은 결론을 이끌 수 있다. 이러한 소수자 감수성이야말로 개인을 중요시하는 21세기에 딱 맞는 콘셉트다.

내 삶의 길을 스스로 열기 위해서는 영감을 주는 좋은 사람들을 만나야 한다. 책이나 다양한 매체를 통해서든 아니면 직접 만나든 간에 말이다. 여행을 통해 세상과 만나며 많이 보고, 많이 듣고, 많이 느끼는 것은 내면에 휴식을 주고 동시에 지역과 국가, 세계가 통합된 세상을 이해하게 한다. 세상과의 소통은 경청에서 시작한다. 열린 마음은 배려와 공감을 이끌기 때문이다. 휴식과 충전은 내 에너지의 원천이다.

산속의 옹달샘이 물줄기를 이루고 계곡물이 되고 강물이 되고 바다를 이루는 자연 현상의 융합이 순리에 맞고 당연하게 느껴지듯이 모든 학문은 인간을 향한다. 따라서 사람으로 통해 있다. 사람을 이해하지 않고서는 결코 좋은 결과물을 창출할 수 없다. 사람은 자연의 일부임을 잊지 말고 깊이 있게 생각하고 고민하고 사색하라고 말하고 싶다. 자신의 내면과 어우러지지 않는 결과물은 결코 내 것이 될 수 없다. 정보의 바다에서 앵무새가 되지 않고 정보를 내 것과 결합하고 재조합하여 자기의 목소리를 만들고 자신만의 색깔을 낼 때 비로소 남과 어울릴 수 있는 용기를 가질 수 있다. 내가 없는 어울림은 주체도 실체도 없는 화합이지 않은가. 여러분도 그리고 나 자신도 나만의 색깔을 지닌 아름다운 모습으로 세상과 소통하길 기대한다.

皇甫瑛

황 보 영 서울여자대학교 컴퓨터공학과를 졸업하고 2006년 삼성 SDS에 입사하여 선임으로 재직 중이다.

황 보 영

싱글 여성 프로그래머의 평범한 삶

처음으로 컴퓨터와 대화했던 그때

처음 원고 제의를 받았을 때, 이런 글을 쓰기에는 내가 다른 분들에 비해 너무 평범한 것이 아닌지 고민했다. 하지만 이공계 대학생 대부분이 학교를 졸업하고 나면 취업을 하고 나처럼 평범한 회사 생활을 하게 될 테니 그들에게 사회 선배로서 조금이나마 도움이 될 수 있게 글을 써보자고 마음먹었다.

내가 언제부터 IT에 관심을 가지게 되었는지 돌이켜보니 고등학교 1학년 여름 방학 무렵이 시작이었던 것 같다. 학교와 연계된 컴퓨터 학원에서 강의를 들으면 내신에 가산점을 준다는 말에 친구들과 함께 컴퓨터 강의를 들었다. 당시는 지금의 다음이 한메일이던 시절로 한창 인터넷이 대중화되어가는 시기였다. 여러 과정 중 이왕이면 자격증을 하나 따놓는 것이 좋겠다고 생각하여 선택한 수업이 정보처리기능사 필기 수업반이었다. 그 수업을 들으며 정보처리기능사 자격증 필기시험을 보았고, 필기시험에 합격 후 실기시험 준비를 했다. 실기시험은 비주얼 베이직으로 비디오 가게 대여 화면 등을 만들고 간단한 처리가 되도록 하는 것이었다. 그 당시에는 비주얼 베이직이 뭔지도 몰랐고 프로그램의 로직을 이해했다기보다는 학원에서 알려주는 대로 요령을 외워서 시험을 봤다. 실기시험을 준비하면서 버튼을 누르면 값이 계산되게 만드는 과정이 신기하고 재미있었다. 내가 컴퓨터와 대화하는 기분이랄까? 아무튼 굉장히 새로운 경험이었다.

대학 진학을 결정해야 하는 시기가 되었을 때, 나는 자격증을 준비했던 경험을 계기로 별다른 고민 없이 컴퓨터공학과에 가야겠다고 생각해서 자연스레 그쪽으로 진학하게 되었다. 1학년 1학기 수강 신청을 할 때 다른 친구들은 컴퓨터 개론부터 수강했는데 나는 컴퓨터 개론 수업은 듣지도 않고 컴퓨터프로그래밍 과목부터 수강했다. 비주얼 베이직으로 프로그램까지 짜봤으니 별로 어렵지 않을 거라고 약간은 자신만만하게 생각했다. 하지만 첫 수업을 듣고 난 이후에 큰 착각이었다는 것을 깨달았다. 모든 프로그래밍 언어로 프로그램 기초를 배울 때 하는 'hello world'를 출력해내는 것부터 별(*)로 피라미드 만들기 등 매주 과제를 할 때면 고민을 거듭하며 어렵게 했다. 지금 생각해보면 쉬운 기초였는데 개념이 잡히지 않아 더 어려워했던 것 같다. 그러나 프로그래밍을 할 때 원하는 결과값이 출력되는 순간의 그 희열이란 아마 느껴본 사람만 알 것이다. 힘들게 등산한 후 산 정상에서 "야호!"라는 소리가 저절로 나오는 듯한 기쁨을 맛보며, 점점 수업에 집중했다. 또 나는 '이거 힘들어서 못하겠네!'라는 생각을 가지고 좌절하기보다는 내게

    3 ｜ 변화에 맞서라, 그리고 동참하라

좀 더 흥미와 자신감을 가져다줄 방법을 찾으려고 노력했다. 다른 학교에서 하는 세미나도 찾아다니고, 방학 때에는 프로그래밍이나 자료 구조 등과 같은 전공 관련 사설 강의도 찾아서 들었다. 이렇게 시간이 흐를수록 프로그래밍으로 컴퓨터와 대화하기 위해 더 친해지려고 노력했다. 사람이었으면 서로 교감을 나누었을 텐데, 이 컴퓨터가 나만의 짝사랑을 알고 있으려나 모르겠다. 그리고 지금 돌아보면 그 당시 어렵게 고민해서 해결한 문제들은 아직도 기억 속에 남아 있다.

대기업 회사원으로 살아가는 법

지금 내가 근무하는 회사는 다양한 정보 통신 기술 서비스를 제공하는 곳으로 컨설팅, SI, 정보 통신 기술 아웃소싱, 네트워크 서비스, 클라우드 컴퓨팅 등의 업무를 하고 있다. 업무 특성상 본사에 일하는 사원보다 파견을 나가는 사원이 더 많고, SI 인력은 프로젝트가 바뀔 때마다 근무지도 같이 바뀐다. 이외에도 모든 그룹사의 IT 회사가 그러하듯 우리 회사도 삼성그룹의 많은 계열사의 시스템을 유지 보수하고 있는데 나는 삼성전자 한국 총괄 영업 시스템 중 하나를 맡고 있다.

입사하고 몇 달 뒤, 현재 내가 맡고 있는 시스템의 구축 프로젝트에 투입되었다. 처음에 프로젝트에 투입된다는 소식을 들었을 때는 일단 프로젝트 장소부터 외부라 동기들과 떨어져 지내야 한다는 사실에 가기 싫었다. 같이 커피 마시며 이야기할 사람이 없다는 것이 서운했다. 이제 와서 보니 신입 사원다운 단순한 생각이었다. IT 분야는 아무리 이공계에 여성이 많이 늘었다 해도 실제로는 반 이상을 남성이 차지하

나보다 앞서 시스템 엔지니어 길을 걸어간 선배들의 모습을 보며 나의 미래를 생각하게 된다(윤현상 수석님 정년 퇴임식).

고 있다. 내 첫 프로젝트도 나를 제외하면 구성원이 모두 남자였다. 게다가 직급 차이도 크게 나서 나를 제외하면 모두 과장이나 차장급이었다. 점심을 먹으러 가면 10분도 안 되어서 밥을 후루룩 다 드시고 천천히 먹으라고 말씀해주셨다. 하지만 선배님들이 쳐다보고 기다리고 계셔서 점심을 반도 못 먹기 일쑤였다. 그러나 어느 정도 시간이 지나니 차츰 요령이 생겨서 밥을 마시는 수준에 그분들의 속도에 맞춰 빨리 먹을 수 있게 됐다. 이런 사소한 것도 신입 사원인 내게는 회사 생활의 어려움 중 하나였다. 프로젝트 막바지에는 야근은 물론이고, 주말과 휴일도 반납해야 하는 고된 일상이 반복됐지만, 힘든 프로젝트 기간이 없었다면 지금 내가 맡고 있는 시스템을 더 잘 이해할 수도 없고 애착을 가질 수도 없었을 것 같다.

3 | 변화에 맞서라, 그리고 동참하라

학교와는 다른 사회생활, 그러나 해볼 만한 도전

사회 초년생들에게 해주고 싶은 이야기 중에 어느 회사를 가든 공통으로 적용할 수 있는 부분이 바로 인간관계다. 사실 취직하고 스트레스를 받는 가장 큰 이유가 바로 인간관계다. 학교와는 너무나 다른 회사 생활을 하면서 나는 다양한 사람들을 만나고 함께 일하게 되었다. 기억에 나는 인물들을 이야기해보자면, 자기주장만을 내세우는 독불장군 스타일의 ㄱ 대리, A 기능 수정 요청을 하면 A 기능은 수정되고 그때까지 잘되던 B 기능이 안 되게 하는 ㄴ 신입 사원, 요점이 무엇인지 알아볼 수 없도록 구구절절한 장문의 메일을 쓰는 ㄷ 대리, 사무실에서든 식당에서든 온종일 손에서 스마트폰을 놓지 않는 ㄹ 사원도 있다. 하지만 반면에 갑자기 한 사람에게만 일이 몰려서 야근을 해야 하면 내 일처럼 나서서 도와주는 선배들도 있고, 그냥 지나칠 수 있는 사원들의 생일을 꼭 챙겨주시는 부장님도 있다. 현업과의 의견 충돌이 있어서 당황하고 있을 때 어디선가 나타나서 막아주는 과장님도 있다. 이렇게 간단하게 나열해보아도 어떤 사람이 환영받는 사람인지 콕 집어 말하지 않아도 알 것이다.

신입 사원일 때 가장 범하기 쉬운 실수는 업무 보고를 제대로 안 하는 것이다. 상사가 후배에게 업무를 지시할 때는 중간 중간 일의 진행 상황에 대해 보고하고 납부 기한까지 일을 마무리하지 못하면 미리 도움을 청하기를 바란다. 그런데 상사가 진행 상황을 물어보기 전까지는 진행이 안 되는데도 발만 동동거리고 있거나 세월아 네월아 하며 지내는 경우도 많다. 관리자급이 아닌 나도 업무는 뒷전이고 온종일 휴대전화만 만지작거리거나 조는 후배들의 모습은 별로 좋아 보이지 않는다. 업무 메일은 요점만 간단히 쓰고, 지각하지 않고, 업무 시간에 졸지 않는 등의 성실함과 기본만 지켜도 평판은 좋을 것이다.

친구들보다 조금 일찍 입사한 내게 친구들이나 후배들이 제일 많이 물어본 질문은 "개발하기 싫은데, 어느 부서로 가야 해?"였다. 나도 개발을 좋아하지는 않지만 무작정 개발에 대해서 겁부터 내지는 않았으면 좋겠다. 회사에서 하는 개발은 대부분 맨땅에서 헤딩하는 것이 아니라 어느 정도 뼈대가 있는 곳에 살을 붙이는 것이라서 생각만큼 그렇게 어렵지는 않다. 또 물어보면 잘 알려주는 베테랑 선배들도 많이 있고, 회사에서 온라인 교육과 오프라인 교육으로 자기 계발을 위한 과정을 제공해주며 자격증비도 지원해주는 등 개인의 실력을 키울 수 있도록 제도적으로도 지원하고 있다. 그리고 내가 있는 시스템을 유지 보수하는 ICTO 쪽에서는 개발은 주로 외주 개발자에게 맡기고, 분석 설계하는 비중이 커지고 중요시되고 있다. 분석 과정도 개발에 대한 기본인 지식이 없으면 업무상 대화가 잘되지 않고 무시당할 수 있으니, IT의 어느 분야에서 일하든 개발에 대한 기본 지식은 습득하는 것이 좋겠다.

요즘은 신입 사원 중에 여사원의 비중이 점점 늘어나고 있다. 그러나 아직도 남자 사원을 조금 더 선호하는 게 현실이다. 아무래도 여사원은 남사원보다 야근시키기도 어렵고, 결혼과 육아 등의 문제로 업무에 공백이 생길까 우려하기 때문인 것 같다. 내가 생각하기에 우리 회사는 여자들이 다니기 좋은 회사 중 하나다. 같은 해에 입사했으면 남자라고 해서 연봉이나 호봉이 더 높지도 않고, 여자라서 승진에서 누락

   3 | 변화에 맞서라, 그리고 동참하라

남자 사원이 많았던 과거와 달리 근래에는 신입 사원 가운데 여사원의 비중이 높다.

된다거나 하는 남녀 차별은 겪어본 적이 없다. 아이를 키우며 다니는 여자 직원도 많고 사내 어린이집도 있으며 다른 회사들보다 육아 휴직을 조금 더 자유롭게 쓸 수 있는 분위기다. 하지만 아직 우리나라에서 여성이 마음 놓고 일하려면 주변의 도움이 많이 필요하다. 아직 가야 할 길이 조금 더 남은 것 같다.

나는 직업란에 직업을 적을 때 항상 고민하게 된다. 회사원? 컴퓨터 프로그래머? 엔지니어? 앞으로 5년, 10년 뒤에 과연 나는 어떤 모습으로 살아가고 있을까? 기대된다. 나의 미래 모습이, 그리고 한층 더 발전된 나의 모습이!

원 유 봉 1978년 서강대학교 전자공학과를 졸업하고, KCC(Korea Computer Center)를 거쳐 1979년 도미, 1983년 미국 아이오와 주립대학교에서 컴퓨터공학으로 석사 학위를 취득한 후, 세인트 앰브로즈 대학, EDS, AT&T 벨 랩, PwC(PricewaterhouseCooper)를 거쳐 현재 미국 시티그룹 CTO 글로벌 보안 엔지니어링의 보안 기술 분야에서 시니어 VP로 재직 중이다. 2004년 정보 시스템 보안사 자격증을 취득했고, NIST OSI 기능 표준 워크숍 디렉터리 SIG 회장, X/OPEN X/NET 디렉터리 서브그룹 회장을 역임했으며, 발표문으로는 〈The Status of MAP〉(ACM SIGCOMM 1986 Proceedings), 〈The Linked Application〉(TINA 1993, Sept. 1993) 등이 있다.

원 유 봉

사이버 세상을 만드는 시스템 엔지니어

나는 사이버 세계에 산다

내 사무실은 미국 뉴저지 주에 위치하는 내 집 부엌 한 귀퉁이에 자리 잡고 있다. 책상과 의자가 있고, 책상 위에 컴퓨터가 있고 컴퓨터 위에 카메라가 부착되어 있다. 책상 왼쪽에는 회사 전화가 있고, 오른쪽에는 프린터가 있다. 책상 나머지 부분에는 검토해야 할 서류들이 쌓여 있다. 나는 이 홈 오피스로 매일 아침 출근하고 저녁에 퇴근한다.

하루 근무 시간은 여덟 시간에서 열 시간이고 컴퓨터를 통해 세계 각국의 사람들을 만난다. 오전에는 유럽 사람들을 만나고 낮에는 미국이나 북미, 또는 남미 사람들을 만나며 이른 아침 또는 저녁에는 홍콩, 싱가포르, 인도, 일본 사람들을 만난다. 사람들과의 첫 만남은 대부분 얼굴도 모르는 채 또는 목소리조차도 모르는 채로 이루어진다. 이메일, 인터넷 전화, 채팅, 화상 회의, 라이브 미팅 등을 통해서 우리는 그룹 미팅도 하고 대화도 하고 같은 서류를 보거나 각자의 컴퓨터를 함께 보기도 하면서 문제를 해결하고 새로운 것을 개발하기도 한다. 퇴근 후에도 나는 여전히 컴퓨터를 통해서 뉴스를 읽고 영화를 보고 음악을 듣고 쇼핑을 하고 가족 또는 친구들과 이야기하고 또 채팅이나 댓글을 통해 전혀 모르는 사람들을 만나기도 한다.

나는 이렇게 사이버 세상에서 산다. 사이버 세상에서는 사람과 만날 때 성, 나이, 피부색, 국적 등 다른 것이 전혀 문제 되지 않는다. 사실은 내가 만나는 대상이 사람인지 아닌지도 확인할 수 없다. 나는 사이버 시민이다.

어떤 도시에 도로를 세우면 그 도로를 따라 집들이 연결되며 사람들이 자동차를 타고 도로를 따라서 다른 이들의 집에 방문하듯이, 사이버 세상에는 전산망 도로가 생긴 후 그 도로를 따라 컴퓨터들이 연결된다. 물리적인 집에 주소가 있듯이 전산망에 연결되어 있는 컴퓨터에도 IP 주소가 있다. 전산망을 달리는 애플리케이션(이후 '앱'이라 칭함)을 통해서 만남이 이루어진다. 정확히 말하면 사이버 세상에서의 만남은 어떤 대상에 관한 정보를 주고받는 것이다. 이런 사이버 세계가 가능한 것은 인터넷이라는 표준화된 전산망과 그 위에 구축된 기본적인 앱들의 인프라가 세계적으로 구현되었기 때문이다.

우연히 선택하게 된 전자공학

나는 1970년대에 대학에서 전자공학을 공부했다. 전자공학에 대단한 뜻이 있었던 것은 아니고, 여자가 많은 과는 피하고 싶어서 기왕이면 남자가 많은 과를 선택한 결과였다. 아들을 선호하는 시대에 딸부자

     3 | 변화에 맞서라, 그리고 동참하라

집의 가운데 딸로 자라다 보니, 대학 전공을 선택할 때 튀고 싶은 마음이 작용했을지도 모르겠다. 주위에 온통 남학생들뿐인 대학 생활은 내게 남녀의 구별을 의도적으로 무시하는 버릇을 주었다. 지금 생각하면 남자들이 지배적인 환경에서 살아남는 훈련을 스스로 한 것 같다.

대학교 4학년 때, 지금 PC의 첫 브레인이라고 할 수 있는 인텔 8080 칩으로 'Hello'만 표시할 줄 아는 작은 컴퓨터를 만드는 프로젝트에 참여했는데, 이 일이 그 후 33년간을 컴퓨터 산업에서 일하게 만드는 계기가 되었다. 대학 졸업 후, 시스템 엔지니어로 일하게 된 첫 직장은 컴퓨터 용역 회사였다. 처음에는 전화를 받고, 커피를 타고, 서류를 복사하는 일을 하다가 컴퓨터 프로그램을 개발하기 시작했다. 그때는 지금처럼 키보드로 프로그램을 입력하는 컴퓨터는 드물었고, 대부분 카드 펀치 기계로 한 줄 한 줄 만드는 작업을 해야 했다. 그렇게 만든 카드들을 카드 리더로 읽혀서 컴퓨터에 입력시키는 작업이 필요했다. 보통 내가 개발했던 프로그램은 3,000장, 5,000장, 1만 장의 카드가 필요했다. 한번은 몇천 장 되는 카드 상자를 들고 다니다가 넘어졌다. 상자가 열리며 카드들이 섞였는데, 섞인 카드들의 차례를 정리하느라고 밤을 샌 기억이 난다. 지금같이 키보드로 프로그램을 입력시킬 수 있는 타임셰어링 컴퓨터가 있었지만 막내 프로그래머 차지는 될 수 없었다. 또 데이터를 이 컴퓨터에서 다른 컴퓨터로 전송할 때는 '스니커넷^{운동화망}'을 이용했다. 데이터를 테이프 같은 데에 출력한 후, 사람이 직접 걸어가서 다른 컴퓨터로 테이프를 읽으면 데이터가 전송됐다. 전산망 자체가 생소할 때였다.

평등한 고용의 기회가 필요하다

회사의 기대와는 다르게 나는 열심히 일했다. 대부분의 회사는 여자 엔지니어에 대한 기대치가 매우 낮았다. 여자 엔지니어한테 직장이란 그저 결혼 전에 심심풀이로 다니는 곳이자 결혼하면 그만둘 곳이었고, 회사에서 여자 엔지니어란 살림 공부하기 싫어 괜히 남자 자리 축내는 사람이었다. 이런 사회에서 남녀가 평등한 고용의 기회를 가지려면 결혼 후 집안일을 잘해야 하는 것은 물론, 직장에서 남자들보다 더 열심히 일을 해야 한다고 믿었다. 남자 엔지니어가 열 시간 일하면 나는 열다섯 시간 일해서 나를 증명해야 한다고 생각했다. 거의 매일 밤을 새우다시피 일에 집착했다. 머릿속에는 온통 일뿐이었지만, 주위의 결혼 재촉 때문에 짬짬이 선을 보러 다니면서 마음의 부담은 더 커졌다. 내가 과연 직장을 다니면서 집안일을 할 수 있을까? 한 가지 일만 할 줄 아는 나한테는 결혼 재촉이 부담스러웠다. '이 부담에서 벗어날 길은 없을까?' '진정한 남녀평등은 없을까?' '나 개인의 의사가 좀 더 존중받을 수는 없을까?' 나는 남녀 구별 없는 평등한 고용의 기회를 꿈꾸기 시작했다. 미국행은 그 꿈을 이루기 위한 첫 시도였다.

미국으로 꿈을 찾으러 가다

미국 아이오와 주립대학원에서 컴퓨터공학으로 석사 학위를 받은 후, 미시간 주 디트로이트 근교에 위치한 EDS라는 회사에서 시스템 엔지니어로 일하게 되었다. 당시 EDS는 자동차 회사인 제너럴모터스가 공장 자동화를 위해 매입한 상태였다. 그곳에서 네트워크 엔지니어링 일

을 배우기 시작했다. 로봇
을 비롯한 여러 종류의 컴
퓨터 시스템이 서로 연결되
어 있는 자동차 공장을 자
동화하기 위해서는 각종 다
른 부품들, 또 그 부품을 조
정하는 시스템이 여러 전산
망을 통해 같은 프로토콜로
대화가 가능하게 하는 것이
필수 조건이다. 공장 자동
화뿐 아니라, 자동차를 주
문받는 사무 자동화도 비슷
한 때 시작되었다. 자동차

컴퓨터 네트워크를 통해 사이버 세상에서 여러 사람들과 의
사소통을 한다.

회사뿐 아니라, 보잉과 같은 비행기 제조 회사에서도 자동화에 관심을
갖기 시작했다. 이런 자동화의 요구 사항을 충족시키기 위한 전산망들
의 표준화 작업이 국제 조직들을 통해 이루어질 때 나도 네트워크 표준
화 작업에 참여하게 되었다.

전산망의 인프라를 구축하기 위해 네트워크 프로토콜의 표준화뿐
아니라, 네트워크에서 돌아가는 기본 앱의 표준화 작업도 필요했다. 우
체국을 모델로 삼은 메시지 전달 앱, 전화번호부를 모델로 삼은 디렉터
리 앱이 바로 그 예다. 내가 집중적으로 일한 범위는 OSI^{Open System}
^{Interconnection} 네트워크 모델을 지원하는 앱 부분인데 특히 디렉터리와 공

중 암호화의 앱을 표준화하는 작업이었다. 이 작업은 국제기술표준화 기구인 ISO/CCITT와 여러 회사, 연구소 및 국가 조직을 통해서 진행되었다.

진정한 자동화는 여러 분야의 표준화 작업이 같이 필요하다. 네트워크를 비롯한 여러 기본 기술의 프로토콜 표준화, 그 프로토콜들의 구현 방법의 표준화, 어떤 시스템에서 구현될 때 다른 앱의 접속을 위한 접속 방법의 표준화 등 어떤 한 가지라도 표준 작업이 없으면 여러 종류의 제품이 서로 대화할 수가 없다. 따라서 이런 일들을 지원하는 여러 국제 조직들이 생겼다. 나는 미국 정부 소속 연구소인 NIST가 중심이었던 OSI 구현 워크숍에서 부회장과 회장을, UNIX 시스템에서 구현되는 디렉터리 접속 방법 스펙을 개발하던 X/OPEN 디렉터리 API 그룹에서 회장을 맡았다. 그러다 보니 여러 나라 사람들과 같이 일할 기회가 많아졌고, 잦은 출장은 불가피했다.

건강한 사이버 시민이 건강한 사이버 세상을 만든다

표준화 작업 10년 동안 여자보다는 남자들과 일을 많이 했고, 일하는 동안 딱히 남녀 차별을 느끼지 못했다. 하지만 '엄마'의 본능 때문인지 출장을 갈 때마다 아이들을 떼어놓아야 하는 발걸음은 늘 무거웠다. 집을 떠나지 않고 일할 수는 없을까? 내게 새로운 꿈이 생겼다. AT & T 벨 연구소 같은 기술을 개발하는 회사에서 일하다가, 표준화된 전산망과 그 위에서 운영되는 앱들을 구축해서 직접 쓰는 소비자 회사로 직장을 옮겼다. 내가 꾸고 있는 꿈을 이루는 데 조그만 보탬이 되고 성장하

    3 | 변화에 맞서라, 그리고 동참하라

기 위해서였다. 그리고 그 꿈은 사이버 세계가 형성되면서 이루어지고 있다.

21세기에 사는 많은 사람이 이미 사이버 시민이다. 인터넷망을 통해서 생활한다. 아침에 일어나면 이메일부터 읽고 인터넷으로 뉴스를 읽고 사무를 보는 사람이 늘고 있다. 세상이 좁아졌고, 빠르게 움직이며 우리는 매일 인터넷으로 엄청난 양의 정보를 접한다. 인터넷은 물리적 위치나 남녀 구별에 상관없이 빠른 속도로 정보를 전달해주어 더 효율적으로 생산성을 높인다. 하지만 불필요한 소문이 빠르게 확산될 수도 있으며, 상대를 배려하지 않는 댓글 때문에 사람의 마음을 다치게 할 수도 있다. 이메일 대화는 오해의 소지가 클 수 있고, 이 대화로 개인 정보가 유출될 수도 있다. 결정적으로 인터넷의 확산은 사이버 시민의 보안을 보장하지 못하고, 그만큼 사이버 범죄의 영역도 확산시킨다.

사이버 시민은 사이버 세상에 넘치는 정보를 이용할 권리가 있지만, 동시에 사이버 세상을 건강하고 안전하게 지켜야 할 의무도 있다. 건강한 사이버 세상은 건강한 사이버 시민이 많아질 때 지켜진다. 건강한 사이버 시민을 키우는 교육이 급선무다. 나는 또 꿈을 꾸고 있다.

이 아 녕　이화여자대학교 컴퓨터학과를 졸업하고 LG전자에 입사, MC연구소 선행 기술 개발 선임 연구원으로 일하고 있다.

이 아 녕

보통의 학생,
엔지니어가 되다

눈에 보이는 것은 다 해보고 싶었던 어린 시절

어린 시절 날라리를 동경했지만 선생님 말을 잘 듣는 모범생으로 청소년기를 보내고, 국어 성적이 다른 과목보다 떨어져서 이과를 선택했다. 왠지 더 멋져 보이기도 했다. 그렇게 공대에 입학해서 수업은 안 듣고 동아리 활동만 했다. 인생이 흘러가며 선택의 순간이 찾아올 때마다 "고민은 5분 이상 하지 않는다"는 평소의 신조대로 결정 알고리즘을 돌려가며 살다 보니 어느 틈에 졸업하자마자 회사에 들어가 내장형 소프트웨어 산업에서 일하고 있는 아줌마가 됐다.

휴대전화를 구동시키는 소프트웨어 엔지니어로서 일하게 되기까지 내 꿈은 하루가 멀다고 바뀌곤 했다. 갓 초등학교에 입학해 단체 생활에 적응하고 있던 무렵에는 당시 나와 동갑인데 이미 전 세계를 놀라게 한 바이올린 신동의 등장에 어디 한번 나도 바이올리니스트가 되어볼까 꿈꿨다. 또 시간을 거슬러 가는 타임머신을 만들어내는 박사님이 등장하는 영화 〈백 투 더 퓨처〉에 푹 빠져 비디오테이프가 늘어지도록 반복해보면서 과학자가 되겠노라 하던 시절도 있었다. 주말마다 교육 방송에 등장해 30분 만에 아름다운 풍경을 유화로 그려내는 밥 로스의 미술 강좌를 볼 때는 화가가 되고 싶었고, 아버지께서 선물로 주시는 5,000원짜리 문화상품권을 들고 서점에 가서 책 사보는 재미에 빠졌을 때는 아동 문학가를 희망했다. 한마디로 그때그때 당장 눈앞에 보이는 것은 다 내 직업으로 꿈꿔봤던 것 같다. 그 시절에는 뭐든 꿈꾸기만 하면 다 될 수 있는 줄로만 알았다.

그러다 10대에 접어들어 만화책을 보기 시작하니, 등장하는 주인공들은 한결같이 참 특별했다. 불의의 사고를 당한 아버지를 대신해 요리 대회에 출전한 것을 계기로 천부적인 재능과 엄청난 노력까지 더해져 초밥계를 평정하는 쇼타가 등장하는 《미스터 초밥왕》, 선악 구도의 기본을 살려 등장하는 악녀 쿄코의 음해와 술수에도 절대 굴하지 않고 자신에게 닥친 모든 고난과 불운을 항상 긍정적인 에너지로 승화시켜내는 테니스 여왕의 이야기인 《해피! HAPPY!》, 기초 연습만 하던 참에 약간의 가르침에 힘입어 농구 선수로서의 재능을 발견하는 강백호와 타고난 천재 서태웅을 위시한 농구 왕자들이 대거 등장하는 《슬램덩크》. 만화 주인공들은 기본적으로 천부적인 소질이 있었고, 꼭꼭 숨어 있던 자신의 잠재력을 별안간에 무한히 발현해야만 생존할 수 있는 결정적인 찰나의 기회가 주어지면 그 기회를 절대 놓치지 않고 자신의 강점을 최대한 발휘했다. 심지어 기회가 지나간 이후라도 그 순간을 되새김질하며 앞으로 더 나아갈 수 있는 포인트를 발굴하기까지 했다. 주인공들은 나를 위축하게 했다. 그들에게는 태어난 이래 단 한 번도 바뀌지 않았던 간절한 꿈이 있었던 거다. 딱히 못하는 게 없는 팔방미인이라고 자부했던 내게 없었던 한 가지, 그것은 하나의 특정 분야에서 직업을 찾아 최고에 오르고자 하는 간절한 꿈이었다.

당시 나는 내게 어떤 잠재력이 있는지 전혀 알지 못했고, 특정 분야에서 유

보통 학생이었던 나는 나만의 직업을 찾기 위해 세상과 만났다.

별나게 대단한 소질을 보인 적도 없으며 그렇다고 특별히 못하는 것도 없는 그저 선생님 말 잘 듣는 보통의 학생이었다. 유년 시절을 미국에서 보낸 덕분에 영어를 좀 했지만, 서울에 돌아왔을 당시는 국산품 애용 운동이 활발히 전개되던 때여서 미국에서 온 학생이라는 이유만으로 별명이 '수입품'이 되어 영어를 쓸 일이 생겨도 한 번도 미국에 발을 디뎌본 적이 없는 사람처럼 발음하고자 애썼다. 클래식 음악에 빠져 살았지만 대세는 서태지와 아이들에서 HOT로 이어졌기에 혼자 조용히 즐기는 수준이었다. 그래서 만화에 빠져들다가도 결말 부분에 다다르면 '왜 내게는 이 등장인물 같은 특출한 강점이나 확실한 꿈이 없을

까?' 하는 자학으로 빠져서 '도대체 커서 무얼 하고 살 것인가'라는 고민에 대한 답을 찾지 못한 채 헤매기 일쑤였다.

나를 앞으로 나아가게 하는 에너지, 질투

그런데 특출한 점이 없고 반드시 이루고 싶은 꿈이 없다는 것이 잘못도 아니고 딱히 하지 못할 일도 없었다. 최종 목표에 대한 뚜렷한 그림이 없을지언정 선택의 순간이 올 때마다 내가 조금이라도 관심이 덜 가거나 잘할 수 없는 것들을 잘라내다 보니 가야 할 길이 좁혀졌다. 소프트웨어 엔지니어는 여러 경우의 수를 따져가며 분기문을 잘 짜야 하는데, 나는 한 가지만 바라보고 달려온 게 아니라 이것저것 다 기웃거려보고 택일하는 과정을 생활 속에서 반복하는 게 습관이다 보니 이 일이 나한테 참 잘 맞는 옷이라는 생각이 든다. 지금은 이렇게 생각하지만 엔지니어로 장래가 좁혀지기 시작한 무렵인 학부 시절부터 옆에 있는 사람들을 보면 저 사람은 나보다 타고난 엔지니어구나 싶은 사람이 많았다. 자연스레 내심 나와 비교하게 됐다. 특히 나는 프로그래밍 과제가 나오면 으레 몇 날 며칠 동안 문제를 어디서부터 어떻게 풀어나가야 할지 몰라 머리 싸매고 고민만 하다 마감이 임박해서야 꾸역꾸역 과제를 완성해 제출하기 일쑤였는데, 그러던 중에 누군가가 벌써 근사하게 완성했다는 말을 들으면 공연히 시기하는 마음이 생기고 나도 과제를 얼른 풀어내겠다는 마음으로 바뀌어 전력투구하고는 했다.

우리나라 윤리상 나보다 다른 사람이 잘되거나 좋은 위치에 있는 것을 미워하는 마음은 악한 것으로 치부되지만, 그 심리가 스스로 채찍질

하는 힘이 되는 이상 나쁘지만도 않다. 오락실 게임기의 상위 최고점 순위 5위 안에 자기 이름을 새겨넣고자 하는 심리, 친구나 건너 아는 사람이 과 수석을 했다는 말을 듣고 배 아프고 심지어 그 친구가 괘씸하게 느껴지는 심리 등은 어쩌면 자연스러운 것이다. 그렇게 느낀 적이 있다고 죄책감 느낄 필요는 없다. 그 심리를 그대로 끌어모아 나도 그들에게 질투심을 유발할 만한 경지로 뛰어 올라가보는 거다.

위기를 기회로 만들 수 있는 믿음이 필요하다

휴대전화에 탑재되는 소프트웨어는 그 규모가 제법 방대하다. 전화의 기능만 하는 게 아니라 멀티미디어 기기로서의 역할을 다 떠안다 보니 점점 커져서 소스 코드만 수십 기가바이트에 이르는 데다 그걸 건드리는 사람 또한 여럿이다 보니 커뮤니케이션이 여간 중요한 게 아니다. 내가 완성한 부분이 다른 사람들의 것과 맞물려 잘 구동되는지, 안 되면 어디에 문제가 있는지 찾고, 연관된 모든 사람과 연락을 취하고 개발 회의를 열어 의논해야 내가 맡은 부분의 구현이 완성된다.

　나는 오로지 타고난 성별에 근거한 남녀의 차이에 대해 운운하는 것을 평소 탐탁지 않게 생각해왔다. 개발 회의나 프로젝트를 진행하는 동안 관찰하다 보니 갖게 된 생각이 하나 있는데, 대부분의 남자는 자신이 30퍼센트만 알고 있어도 잘 안다고 소리 높여 말하는 데 반해 상당수의 여자는 90퍼센트를 알고 있으면서도 확실히 모르는 10퍼센트 때문에 잘 모른다고 말하며 의견 제시에 소극적인 태도를 보이는 일이 빈번하다는 것이다. 모든 것을 완벽하게 알지 못한다고 해서 불안해하지 말자. 내가 잘 모르는 것은 대부분 남들도 잘 모르기 마련이다. 잘 알고 있는 것을 골자로 논리를 풀어가거나 내가 모르는 부분이 있음을 알리고 질문을 하는 것도 방법이다. 나는 보통 모르는 10퍼센트에 해당하는 부분이 화두가 되지 않는 이상 그 부분도 이미 알고 있다는 듯이 표정을 짓고 모르는 것에 관해서는 언급하지 않는다. 그리고 자리가 파하고 난 후에 내 행동에 대한 책임을 지고 스스로 발전하기 위해서 잘 몰랐던 10퍼센트에 대해 공부하여 아는 척했던 것을 아는 것으로 만들어버리고는 한다. 대부분의 개발 회의는 한 번으로 끝나지 않고 다음 회의까지 해야 할 일만 수두룩하게 만들어내고 일단 해산할 뿐이기에 나머지 공부의 위력을 발휘할 기회는 언젠가 찾아오기 마련이다.

그밖에는 크게 여성이라고 차이를 느낄 만한 것은 없었다. 한번은 인도 개발자들과 함께 프로젝트를 할 때였다. 그중 한 개발자가 나와 논의를 시작했다 하면 한창 핵심을 찌르고 들어갈 무렵에 꼭 급한 일이 있다고 얼버무리며 자리를 피했다. 한두 번은 그러려니 했지만 하루에도 몇 번씩, 게다가 며칠씩 그런 일이 반복되다 보니 그가 책임을 회피하려고 그러는 것인가, 나와 같이 일하기 싫다는 의사를 간접적으로 표현하는 것인가, 내 영어 발음을 못 알아들어 답답해서 저러는 것인가, 급기야 내가 여자라서 그러는 것인가 별별 생각을 다 하다가 따로 자리를 마련해서 이야기를 해봐야겠다 싶었다. 그래서 함께 점심을 먹자고 했더니 자기는 원래 점심을 먹지 않는단다. 아, 정말 나랑 일하기가 싫은 게 아니고서야 어떻게 저러나 싶던 참에, 힌두교를 믿는 대부분의 인도인들과 달리 그가 이슬람교도였다는 사실을 알게 됐다. 그래서 하

인도 개발자들과 함께 프로젝트를 진행하며 선입견의 무서움을 느꼈다.

루에 다섯 번 손발을 깨끗이 씻고 기도를 드리고, 라마단 기간이 아닐지라도 신념에 따라 해가 떠 있는 동안은 음식을 입에 대지 않고, 금요일에는 근처 이슬람 사원에 찾아가 기도를 드리고 오는 것뿐이었는데 쓸데없이 나 혼자 여성이라는 굴레를 만들어 씌워가며 오해를 했다.

나는 지금도 천성이 타고난 동료 개발자를 볼 때면 속으로 질투하며 그만큼 내가 부족하다는 생각에, 봐야 할 것도 나머지 공부를 할 것도 많아서 일하면서도 늘 마음이 바쁘다. 그런데 이러한 성격이 장점으로 발휘될 때도 있다. 아무것도 모르는 상태에서 이해하는 단계까지의 과정을 겪기에 남들에게 설명하기 쉬운 데다가, 하루가 다르게 새로운 기술과 개념이 소개되고 바로 현장에 도입되는 요즘 같은 때에 빨리 이해하고 핵심을 파악해내서 그 기술의 적용 여부를 판단해야 할 결정권자에게 알아듣기 쉽게 보고하는 데 능숙하기 때문이다. 덕분에 선행 기술을 논할 때마다 함께할 수 있었다. 아직 현업에서 한창 일하면서 더 나은 엔지니어가 되고자 뛰어야 할 입장이기에 후배들에게 무슨 말을 해준다는 게 부담스럽지만, 타고난 적성이나 소질에 연연하느라 이 분야에 발 들이기를 주저하는 일은 없었으면 좋겠다.

개발자로 사는 데 필요한 것은 무엇일까

새벽 3시 독일의 M 호텔. 정신없이 자고 있는데 휴대전화가 울렸다. 알람을 잘못 맞춘 줄 알고 끄려는데 전화다. 서울에서 엄마가 시간을 잘못 알고 걸었나 보다 생각하고 받아보니 프로젝트 리더가 전화기 밖으로 튀어나올 듯이 외친다. "휴대전화가 죽었어!" 기능에 대한 사전 검증 중에 내가 작성한 부분에서 오동작이 일어나 휴대전화가 먹통이 된 것이다. 사람이 죽는 일에 비하면 그깟 납땜으로 뒤덮인 손바닥만 한 쇳덩이 하나가 동작 안 하는 것쯤이야 큰 사고라고 할 수도 없겠지만, 이 동네에서는 최악의 상황이다. 기계 주제에 오류가 났으면 스스로 재부팅이라도 하던가, 아예 먹통인 상황이 소비자가 돈을 주고 사서 조작하다가 발생한다면 당장 서비스 센터로 들고 달려가 바닥에 던져버린 데도 할 말이 없는 수준이다. 자기 전에 세수하겠다고 올려붙인 앞머리가 기름져 눌리어 붙은 채로 잠옷 위에 코트만 껴입고 호텔 바로 앞에 있는 사무실에 노트북을 싸들고 가니 여태 숙소로 돌아가지 않고 일하고 있는 사람들이 한가득하다.

이런 일이 다반사다 보니 개발자로 사는 데 필요한 것은 무엇보다도 체력이라고 꼽기도 한다. 내 생각에 가장 중요한 건 사실 꼼꼼함이다. 물론 동료들이 개발한 부분과 얽히어서 예측할 수 없는 상황이 닥치기도 하지만, 대부분의 문제는 모두 미리 꼼꼼하게 점검한다면 예측 가능한 것들이다. 개발 기간이 너무 짧아 미처 처리해두지 못했더라도, 이미 예측해두었던 것들은 맞닥뜨렸을 때 풀어나가기도 쉽다.

당신은 꼼꼼한 사람인가? 그렇다면 개발자가 어울릴 가능성도 있다. 꼼꼼하지 않다면 요즘 세상을 바꾸어놓았다는 스마트 기기들이 도대체 어떻게 구동되고 있는지 궁금한가? 전원 버튼을 눌렀다는 이유 하나만으로 불이 반짝 들어오고 화면에 한 입 베어 먹은 하얀 사과 그림이 별안간 어떻게 나타나는지 궁금한가? 궁금하다면 벌써 이 동네에 발을 들여 일하고 살아가는 데 필요한 최소한의 적성이 있다는 뜻이다. 그런 당신을 환영하고, 언젠가 만나 함께 일해보고 싶다.

돌이켜보면 그토록 동경하고 우러러봤던 만화 속 주인공들은 사실 다 지어낸 인물이고 이 세상에 특정 분야에 처음부터 뛰어난 사람은 거의 없다고 해도 무방한데, 그때는 진로를 일찌감치 정하지 못한 데 대한 불안감에 왜 그리 스스로 비관하고 비난으로 몰아세웠나 싶다. 당장 조금의 흥미라도 느끼고 구미가 당기는 게 있다면 그걸로 충분하다. 아니 그조차 없어도 상관없다. 그게 어떤 것일지 찾고자 한다는 것만으로 이미 길을 닦기 시작한 거다. 아직도 내 길이 분명치 않은 것 같아 괴로운 사람들이 있다면 다가가서 괜찮다고, 정말 괜찮다고 말해주고 싶다. 그리고 마침내 갈 길을 찾은 분야가 공학이라면, 하고 싶은 일을 찾아낸 것만으로도 기쁜데 여성이라고 망설일 필요가 있을까?

세상을 향해 별을 쏘다

4부

행동하지
않으면
변화도 없다

생물·화학·환경·농업·해양

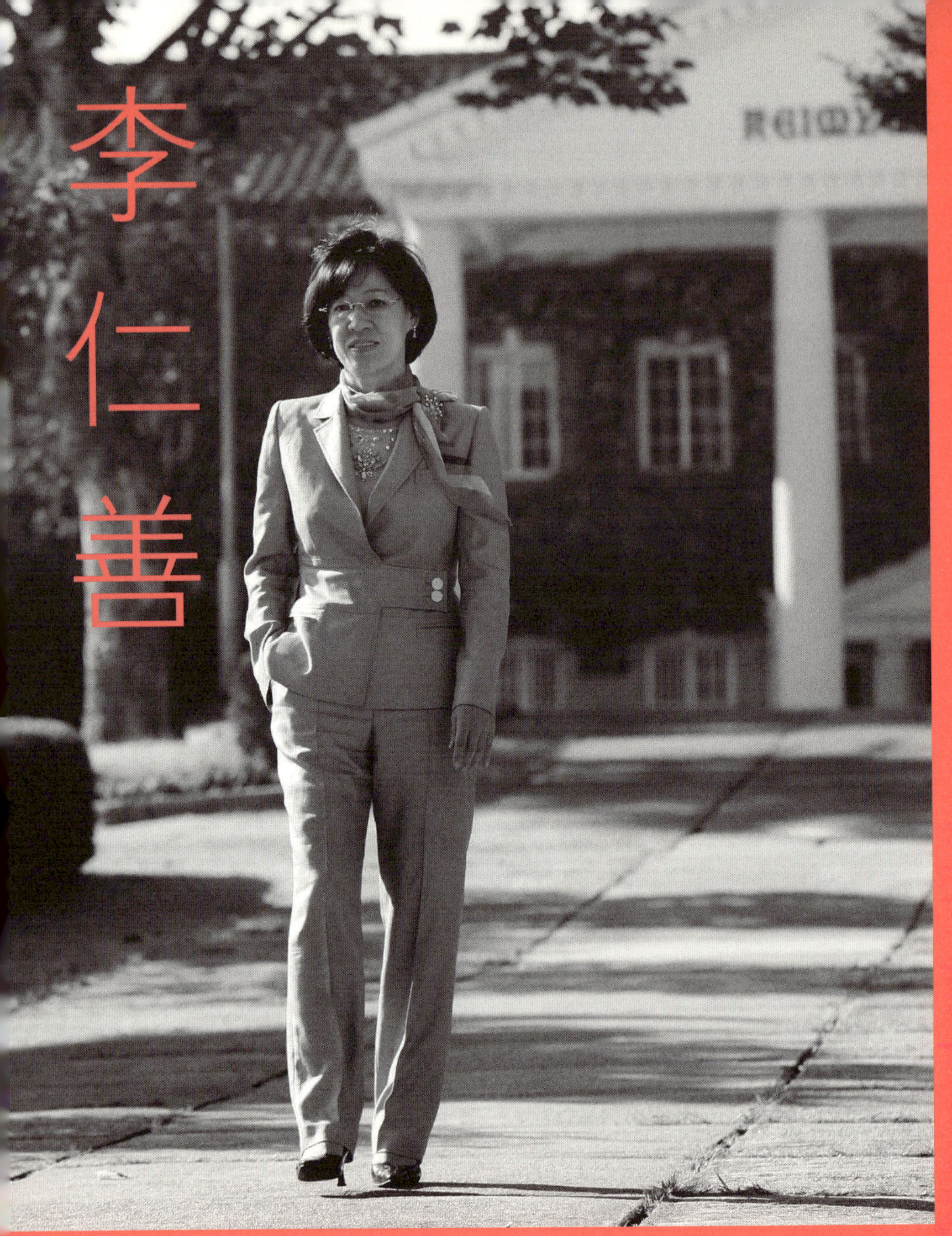

이 인 선 영남대학교 식품영양학과를 졸업하고, 동 대학원에서 아미노산 대사 제어 및 세포 융합에 의한 연구로 석·박사 학위를 취득했다. 1992년 계명대학교 식품가공학과 교수로 임용되었으며, 1995년 일본 도쿄 국립의약품 식품위생연구소에서 연구 교수로 활동했다. 2003년 12월부터 국가과학기술 기술위원회 민간위원을 맡았으며, 2008년 10월부터 국가교육과학기술자문회의 자문위원을 역임했다. 전통미생물자원연구센터 센터장, 대구신기술사업단장, 대구경북과학기술원(DGIST) 원장, 계명대학교 부총장 역임, 2011년 11월부터 경상북도 정무부지사로 재직하고 있다.

이 인 선

숨 다해 갔더니
문이 열렸다

실험의 재미로 운명이 바뀌었다

'그 시절에 박사까지 공부했으면 유복한 집안에서 받은 좋은 교육이 배경이 되지 않았겠는가.' 나를 두고 사람들이 흔히 하는 생각이다. 하지만 예상은 빗나간다. 나는 독립 유공자의 손녀다. 경북 영일군에서 독립운동을 시작한 할아버지는 옥살이까지 했다. 여느 독립 운동가와 마찬가지로 집안을 돌보지 못하셨고, 자연히 우리 아버지도 제도 교육을 전혀 받지 못하셨다. 순전히 독학으로 기술 자격을 취득하여 생활을 하셨다. 그래서 "기술이 있어야 먹고살 수 있다"는 이야기를 자식들에게 신조처럼 가르치셨다. 언니 둘이 모두 지방대 약대에 들어가자 이어서 나도 약대에 가라는 압박이 이어졌다. 가난한 형편에 서울에 있는 대학에 진학하고 싶은 마음은 사치였다. 결국 이 상황을 벗어날 유일한 방법은 이민이라는 생각에, 당시에 이민 자격증이 주어졌던 식품영양사가 되려고 대구에 있는 사립대 식품영양학과에 입학했다.

대학에 들어와서도 내 청년기는 순탄하지 않았다. 입학 이듬해 박정희 대통령 서거와 함께 휴교령이 내려졌다. 수업 공백이 이어지면서 전공에 대한 회의가 시작됐다. 그렇게 방황하던 대학 시절, 우연히 들었던 미생물학 수업에서의 실험이 내 운명을 바꾸는 계기가 되었다. 당시 1980년대는 유전공학이 유행하던 시기였다. 뿌리에서는 감자가, 줄기에서는 토마토가 열리게 하는 유전공학이 인류의 식량 문제를 해결할 답으로 떠올랐다. 당시 실험 가운데 인삼의 생장점을 따서 비커에서 배양하면 기존보다 빠른 속도로 병충해 없는 종자를 개발하는 실험이 있었다. 무無에서 유有를 창출하는 실험의 재미에 눈뜬 것이다. 앞으로 식량 위기가 더욱 심각해지면 질병에 대한 저항력이 강하고 영양상으로 우수한 식량 종자에 대한 연구가 더욱 절실해진다는 미생물학과 교수님의 가르침이 와 닿았다. 내가 한 연구가 가난한 사람들에게 도움이 될 수 있겠다는 생각에 가슴이 뛰었다. 그렇게 대학 4학년 때, 미생물 대사 연구실에서의 실험실 생활이 시작되었다.

실력으로 증명하고, 때가 되면 어필하라

사람에게 이로운 과학에 눈뜬 뒤, 실험의 재미는 갈수록 깊어졌다. 실험에 소질이 있다는 뜻이었다. 소위 배경과 학벌이 부족했던 내가 서른세 살의 나이에 계명대 식품가공학과 교수로 채용된 것도 실험실에서 보낸 무수한 밤이 유일한 배경이 되었다. 석사를 거쳐 경북대 의대 기초의학연구소 연구원 시절에 썼던 연구 논문의 수가 당시 다른 교수 지원자들의 두 배 이상이었다. 불리한 조건에서는 결국 누구라도 인정할

　　　　　　　　　　4 ｜ 행동하지 않으면 변화도 없다

수밖에 없는 계량화된 성과물이 유일한 무기라는 걸 처음 깨달았다. 교수 생활을 하면서도 해외유학파를 우대하는 학문 사대주의와 남성 중심주의의 벽에 부딪혀 주저앉고 싶을 때도 잦았지만 그때마다 수치적인 잣대에서는 절대 밀리지 말아야겠다는 생각에 몇 배의 논문을 발표하고 닥치는 대로 연구 프로젝트를 신청했다.

그러던 중 내게 국외 경험을 할 첫 번째 기회가 왔다. 일본 정부의 일한 재단에서 한국의 젊은 과학자를 초청해 산업 기술 협력 프로그램을 지원하는 사업에 응모하게 된 것이다. 하지만 여기에서도 남성 사회의 높은 벽은 존재했다. 지원자 열네 명 중 나 혼자 여성이었다. 당시 결혼해 아이가 둘이었던 내게 "남편의 직업이 무엇이냐?" "남편이 유학을 허락했느냐?" "아이와 함께 가면 양육은 어떻게 할 거냐?" 등의 질문을 꼬치꼬치 물었다. 다른 남자 지원자들에게는 아내의 직업과 아내의 허락 여부를 아무도 묻지 않았다. 기분이 몹시 상하고 실망스러웠다. 인터뷰가 끝난 후, 여성에게만 연구 능력과 아무 상관 없는 차별적인 질문을 한 심사위원의 자질이 잘못된 것 아니냐고 관련 재단에 이야기했다. 그동안 살면서 실력만 있으면 여성이라도 충분히 이길 수 있다고 긍정적으로만 생각했었다. 그랬던 내가 난생처음으로 제기한 공식적인 항의였다. 이런 문제 제기의 영향이었는지는 모르겠지만, 이듬해 그 심사위원은 나오지 않았고 재도전에 성공하여 드디어 일본에서 연구를 할 수 있게 되었다. 실력을 다해도 안 된다면, 결정적인 시점에 부조리한 구조를 꼬집는 합리적인 문제 제기는 할 줄 알아야 한다. 그렇게 또 하나를 깨닫는 순간이었다.

지금까지 모든 것이 그랬듯, 어렵게 얻은 기회였기에 절실했다. 일본에서는 암을 유발하는 암 예방 물질을 실험동물에게 먹인 것과 안 먹인 것을 비교해 화학적 암 예방법을 개발하는 연구를 했다. 지금까지 내가 머물렀던 실험실과 비교하면, 주제도 훨씬 선진적이고 여건도 우수했다. 처음에는 밤늦도록 연구에 몰두하는 외국인 여성 과학자에 별 관심을 보이지 않던 일본 연구 기관에서도 애들을 남편에게 맡기고 혼자서 일본으로 건너와 실험에 매진하는 모습이 안쓰러웠는지 실험 장비와 개인 컴퓨터를 구입해주는 등 마음껏 연구할 수 있도록 배려해주기 시작했다. 이러한 노력과 성과로 히로시마에서 열린 국제소화기암학회에서 젊은 과학자상을 수상하게 되었고, 그동안 발표한 수많은 논문을 발표하고 국제 학술지에 게재되는 논문을 쓰게 되었다

리더, 실현 가능한 비전으로 승부하는 사람

그렇게 나의 학문의 시기가 마무리되고 본격적인 관리자의 시기로 들어갔다. 의도한 것은 아니지만 내게는 '여성 최초'라는 직함이 많이 붙어 있다. 계명대 지역협력연구센터[RRC] 센터장, 계명대 대외협력부총장, 대구경북과학기술원[DGIST] 원장, 경상북도 정무부지사까지 모두 같은 분야에서 여성에게 돌아간 적이 없었던 자리였다. 하지만 이것들은 모두 '내가 여성 최초가 되어야지'라는 목표를 정해두고 작업하여 쟁취한 결과가 아니었다. 다만, 나는 내게 주어진 책임을 운명이라 생각하고 자리마다 최선을 다했다. 그 결과, 누구도 대체할 수 없는 적임자로서 내가 그 자리에 있게 된 것뿐이다.

연구원과 교수 시절 갖고 있던 논문과 특허 개수로 계명대 지역협력 연구센터의 센터장이 되었고, 처음 맡은 관리직을 잘 수행하기 위해 최선을 다한 결과 대구경북과학기술원 원장으로 임명되었다. 역시 처음 맡은 국책 연구 기관에서 예산 확보를 위해 중앙 부처를 뛰어다니면서 인맥을 쌓고 성과를 내면서 여성 최초 대외협력부총장과 보수적인 도 단위 정무부지사에도 오를 수 있었다. 하지만 리더라면 남녀를 막론하고 열심히 하지 않는 사람은 없다. 리더는 실무적인 노력보다는 조직의 큰 비전을 제시하면서 네트워킹에 힘을 쏟아야 한다.

먼저, 나는 관리자의 자리에 오를 때마다 그 조직의 10년 후를 그렸다. 계명대 지역협력연구센터장 시절, 지방에서 그것도 과학 관련 기업들은 더욱 설 자리가 부족한 척박한 환경에서 우리 기관이 살아남는 방법은 국가 공인 기관이 되는 길밖에 없다는 결론을 내렸다. 9년을 계획으로 150억 규모의 전통 미생물 자원 연구센터를 개소한 데 이어, 식품 위생 검사 기관, 축산물 위생 검사 기관, 그리고 먹는 물 수질 검사 기관을 정부로부터 국가 공인 검사 기관으로 지정받았다. 자연히 기업들이 우리 기관에 와서 자신들이 가지지 못한 실험 장비를 쓰고 애로사항을 상담하고, 우리 연구원들이 그 기업의 고민을 함께 해결해주는 과정에서 신뢰가 쌓여나갔다. 더불어 우리 기관은 검사 수수료로 자립화의 기반을 마련했다. 또 본교 출신의 연구원을 채용하고, 그 연구원은 해당 기업에 취업을 유도함으로써 지방 대학 협력 연구 센터의 모범적인 자립화 모델을 만들어내어 2007년과 2009년에 전국 RIC 사업 우수 센터로 선정되었으며, 2011년에는 지식경제부 지역산업진흥 우수기관으로 선정되었다.

대구경북과학기술원 원장이 된 뒤에는 네트워킹이 무엇보다도 중요해졌다. 과학기술원 중 가장 막내로 출범한 대구경북과학기술원이 입지를 굳히기 위해서는 다른 비결이 없었다. 한정된 국가 예산에서 지역마다 당위성이 있는 사업 가운데 우위를 점하려면 반복해서 만나고 설득하고 남들보다 다섯 배는 더 뛰어야 했다. 결과는 수치가 말해줬다. KTX로 1년에 9만 6,000킬로미터를 다녔다. 낮에 서울 출장을 다녀온 뒤라도 그날 저녁에 꼭 참석해야 할 것 같은 자리가 있으면 밤에 다시 서울로 올라가는 것도 마다하지 않으며 기회를 절대 놓치지 않았다.

문과? 이과? 인생은 공통 계열이다

인생은 문과도 이과도 아닌 공통 계열의 사고와 태도를 가진 사람이 성공할 수 있다. 이공계 전공자로서 관리자의 자질을 잘 수행할 수 있을까 고민하는 사람들을 많이 본다. 하지만 내 경험으로는 과학자의 자질이 리더의 역할에 많은 도움이 되었다. 연구실에서는 늘 결과를 가정하고 실험을 시작한다. 구간 설정에 따른 변화 추이를 보면서 시행착오를 겪다가 결국 결론에 이르게 된다. 막연하고 추상적인 비전이 아니다. 다른 연구자들이 이미 성공해놓은 결과를 토대로 조금 더 높은 목표, 현실적인 목표를 설정하고 시행착오를 정확히 기록해 다시 반복하지 않는 과정을 통해 도달하는 성과다. 실험실에서는 하나의 성공을 위해 숱한 실패가 존재한다. 실패는 결론에 도달하는 과정일 뿐이다. 그렇게 관리자로서 실패를 맛볼 때마다 실험실에서의 인내를 떠올렸다.

이공계 전공자들에게는 실험을 진행하는 이과적 자질도 필요하지만, 결과를 도출하는 문과적 자질도 필요하다.

반대도 마찬가지다. 이공 계열 전공자들에게도 문과적 기질이 필요하다. 실험의 결과가 과학의 산물이라면, 결과에 이르는 가정은 문과적 상상력이다. '반응은 섭씨 36도에서 한 시간 실험한 결과 나타났다'는 결론이 있다면 섭씨 37도에서 한 시간 동안 실험할지, 아니면 온도는 그대로 두고 시간을 10분 늘릴지 결정하는 건 그사이의 변수를 추정하는 상상력이다.

이를 위해 어릴 때부터 융합적인 태도를 기르는 것이 중요하다. 나는 이공 계열을 택했지만, 중·고등학교 때부터 경영 철학에 관한 책을 많이 읽었다. 그 가운데에서도 도쿠가와 이에야스의 일대기를 그린 일본 소설 《대망》이 가장 기억에 남는다. 카리스마 있는 리더에 대한 선망이 그때부터 싹텄을지도 모르겠다. 그래서 훗날 과학자의 신분으로 관리자가 될 기회가 왔을 때 그것을 놓치지 않았는지도 모르겠다.

여성 관리자로서 가장 마음이 아플 때는 여성 후배들과 제자들의 패배 의식에 직면할 때다. 분명한 것은 여성이라는 점이 약점만은 아니라는 것이다. 현대 우리 사회에는 곳곳에 여성의 지분이 따로 마련돼 있다. 여성의 비율이 늘어나야 선진적이라는 인식이 확산되고 있다. 최초의 여성 정무부지사 자리 역시 민선 5기 김관용 경북도지사의 공약이었다. 공약으로까지 내세운 이유는 도 단위의 광역 단체에서 부지사로서 여성이 지금까지 전무한 상태였기 때문이다. 더군다나 보수적이라는 선입견이 있는 경상북도에서 여성을 부지사로 발탁하는 것이기 때문에 더 의미가 있었다. 당시 경상북도는 동해안을 원자력 산업을 비롯한 에너지 클러스터로 구축하는 데 역점을 두었었고, 국제 과학 비즈니스 벨트 사업의 DUP 캠퍼스 구축이라는 큰 숙제를 안고 있는 상황이었다. 마침 내가 과학자이면서 위원회 활동 등을 하여 전국 네트워크를 가지고 있었기에 투자 유치, 일자리 등 경제를 책임지며 도의회, 국회, 언론, 예산 등의 업무를 수행하기에 적임자라고 판단한 것 같다. 우리나라는 사법 고시나 행정 고시 같은 시험이 아닌 방법으로 관리직에 오르는 여성의 비율이 선진국과 비교하면 아직 현저히 낮기 때문에 여성 배려 추세는 당분간 이어질 가능성이 높다. 나의 분야에서 최선만 다하고 있다면, 그리고 기회를 놓치지 않는다면 여성이기 때문에 오는 기회도 얼마든지 열려 있다.

하지만 진정한 승부는 그다음부터다. 구색 갖추기식 여성 관리자의 이미지를 벗으려면 전임자보다 다섯 배는 더 노력해서 성과를 내겠다는 태도가 필요하다. 수도권 집중이 심각한 오늘날, 경북이라는 지역을 살아남게 하려고 그동안 관리자로서 쌓아왔던 네트워킹과 노하우를 총동원했다. 원자력 클러스터가 국책 사업으로 선정되고, LG 디스플레이의 1조 2,000억 원 규모의 투자 유치가 결정되면서 과학 비즈니스 사업단에 포스텍에서 네 개의 사업단이 최다로 선정되었다. 나는 일을 맡기 전까지 두려움으로 많은 고민을 하지만, 일단 맡기만 하면 최선을 다해 수행해낸다. 이것 외에 여성으로서 내가 가진 무기는 없다.

요즘 청소년들을 보면 꿈이 없다고 말한다. 나 역시 어릴 때부터 현재의 위치를 꿈꾼 것은 아니었다. 다만 주어진 것에 최선을 다해 마무리할 때쯤 언제나 다음 기회가 왔다. 그리고 그 기회가 내 전공 분야와 차이가 있더라도 용기를 내어 잡았다. 당장 목표가 없다고 좌절하기보다는 내게 주어진 것부터 최선을 다하는 것은 어떨까? 비교 우위에 있는 분야를 선택해 최선을 다하다 보면 그 과정에서 흥미도, 소질도, 새로운 길을 열어줄 기회도 눈에 띌 것이다. 체력과 정신력 가득한 젊음 하나로 부딪쳐보자.

정 선 주 서울대학교 자연과학대학 동물학과(현 생명과학부)를 졸업하고, 미국 유타 대학교에서 이학박사 학위를 받았다. 미국 스탠퍼드 대학교에서 박사후연구원, 서울대학교 유전공학연구소 연수연구원, 미국 캘리포니아 대학교 샌디에이고 방문 교수, 단국대학교 국제문화교류처장을 역임했다. 현재 RNA 세포생물학 국가지정연구실 책임 교수, BK21 RNA 전문연구인력 양성사업팀 사업팀장, 단국대학교 분자생물학과 및 나노센서바이오텍연구소 교수로 활동하고 있다.

정 선 주

여성 교수에서 진정한 과학자로 거듭나기

인문학 교수가 되고 싶었다

나는 과학자다. 그러나 어린 시절 나는 과학자가 되겠다고 생각한 적이 한 번도 없었다. 초등학교 때는 당시 계몽사에서 나온 세계 문학 전집 50권을 몇 번씩 읽으면서 훌륭한 글을 쓰는 작가가 되고 싶었고, 한국사 이야기 열 권을 밤새워 읽으면서 역사학자가 되고 싶었다. 중학교 때는 작가가 되겠다고 선언한 친구와 은근히 경쟁하며 뜻도 잘 모르면서도 많은 고전을 읽고 매일 아침마다 누가 더 많이 읽었는지 따지며 읽은 책의 개수를 늘리는 재미로 살았다. 그때 내게 책 읽기는 역사에 쌓인 여러 분야의 지식을 빠르게 흡수하는 유일한 길이었고 다른 인생을 살아보는 마법 같은 일이었다. 나는 문학과 음악, 예술 분야의 위대한 위인과 역사에 대한 지식욕이 대단했는데, 지금 생각해보면 인간에 대해 더 잘 알고 싶었기 때문인 것 같다.

우리 집안에는 과학자가 한 명도 없었다. 할아버지는 정치를 하셨고 아버지는 사업을 하셨다. 할아버지는 손주들에게 사회에 기여하는 훌륭한 사람이 되라고 하셨고, 항상 자신을 단련하라고 말씀해주셨다. 그러나 전통적 유학자 집안 출신이기에 어렸을 때 키가 크고 공부와 학생회 활동에서 남자아이들보다 앞서 있는 나를 보며 시집을 못 갈까 봐 걱정하셨다고 한다. 그래서 손주 중에서 가장 강단 있어 보이는 내가 여자라는 것이 참 안타깝다고 하셨다. 자상하신 아버지는 그런 말씀을 따로 하지는 않으셨지만, 딸은 예쁘게 커서 고생하지 않고 살면 충분하다고 생각하신 것 같다. 그러나 젊어서 초등학교 선생님을 하셨던 어머니는 맏딸인 내게 당신과 같이 살림만 하는 여성은 되지 말라고 하셨다. 그러나 난 무엇을 해야 훌륭한 여성 직업인이 될 수 있는지 알지 못했다.

초등학교 6학년 때 어머니는 나를 피아노 전공 교수님에게 데리고 가셨다. 여성이 교수를 할 수 있는 것을 그때 처음 알았고 직업을 구체적으로 생각해본 것도 그때가 처음이었다. 그래서인지 중학교 때 열성적으로 보이는 국어 선생님이 수업 시간에 나를 지목하며 장래 희망을 물어보았을 때 "교수요"라고 답했다. 여자아이들의 장래 희망이 대부분 현모양처인 시대였기에 선생님은 눈을 반짝이며 다시 물으셨다. "무슨 과?" 나는 생각해본 적이 없었는데 그냥 대답했다. "국문과 아니면 영문과요." 그때는 책을 열심히 읽고 강의하는 여자 교수가 멋있을 거라고 생각했던가 보다. 그때까지도 과학자가 되겠다고 생각한 적은 한 번도 없었다.

   4 | 행동하지 않으면 변화도 없다

문과와 이과 사이에서 방황하다

고등학교 배정을 받을 때가 오자, 그 기회에 더 넓은 세상으로 나가서 좋은 친구들과 경쟁하며 훌륭한 선생님과 더 높은 수준의 공부를 하고 싶다는 열망이 솟아났다. 당시는 정부의 고등학교 평준화 정책이 시행되던 때라서 컴퓨터로 무작위 배치를 했다. 하지만 시행된 지 몇 해 안 되었기에 우수 학생은 각 학교에 골고루 배정한다는 설이 있었다.

중학교 전교 회장이었던 나는 어찌 되었건 다시 같은 학교 재단의 같은 캠퍼스에 있는 여자 고등학교에 배정받아 한 동네의 학교를 12년간 다녀야 했다. 고등학교에 들어가서는 나에게 기대가 크셨을 선생님들께 반항하며 새로운 탈모범생 세계에 흥분을 느끼기도 했다. 그렇게 고등학교 1학년 때는 다 늦은 사춘기를 겪느라 무엇이 되고 싶은지도 몰랐다.

고등학교 1학년 말에 이과와 문과를 정해야 하는 시점이 되자 정말 당황스러웠다. 나는 책 읽기를 좋아하고 몽상하는 시간을 즐기고 여러 친구와 놀면서 지냈는데, 갑자기 인생의 미래 방향을 정하라니 부담스러웠던 것이다.

우리 학교에서 좋은 대학에 가려면 이과반 출신이어야만 가능하다고 했다. 이런 현실적인 이유 외에 다른 이유도 있었다. 당시의 사회 상황을 돌아보면 문과 출신 여성들이 할 만한 일이 거의 없었다. 대기업에 취업해도 커피 심부름을 해야 하고 승진도 안 된다고 하는 이야기가 있었다. 사실 중학교 때 공언한 것처럼 인문학 분야의 대학교수도 될 수 있겠지만 매우 어려워 보였다. 당시 나의 정서를 지배하던 전혜린의 수필처럼 치열하게 사는 정열적인 여성은 문과 공부를 하면 고독한 인생을 살 것 같다는 두려움이 몰려왔다. 지금 생각해보니 그때는 여성 사회인으로서의 역할 모델을 알지 못했다.

그전까지 나는 한 번도 수학과 과학에 빠져 집중한 적이 없었다. 시험에서 좋은 성적을 받을 만큼은 공부를 했지만, 국어나 역사, 예술 공부처럼 따로 책을 찾아가며 공부하고 싶다는 생각이 든 적이 없었다. 수학과 물리에서 정답을 맞혔을 때 가끔 희열은 느꼈으나, 문학책을 보며 밤을 지새우던 그런 열정은 아니었다. 그럼에도 공부해야 한다고 생각하자 갑자기 생각이 바뀌었다. 이제 문과에서 이과로 생각을 바꿀 때가 되었다.

문과형의 여성 뇌를 전환하다

나를 비롯한 여자아이들은 문과적인 사고방식을 타고나는 것 같다. 여성 호르몬이 뇌 발달에 영향을 주기 때문에 엄마 배 속의 태아일 때부터 여성의 뇌는 감정을 읽는 부위가 발달한다는 생물학적인 증거도 있다. 그래서 영아 때도 여자아이들이 다른 사람의 얼굴 표정이나 주변 환경에 잘 반응하고 빨리 배우며 언어 표현 능력이 발달한다고 한다. 그러나 여성의 뇌의 여러 복합적 사고 능력은 사건과 문제가 복잡하여 이를 단순화하고 논리적으로 풀어나가야 할 때는 도리어 방해가 될 수 있다. 과학적인 사실을 습득한다는 것은 학습 능력에 해당하기 때문에 여성이건 남성이건 큰 차이가 없지만, 이를 바탕으로 문제를 해결하고 간단한 답을 제안해야 하는 분야에서는 여성과 남성의 뇌가 다른 방식

아내이자 엄마로 여성이 공부를 한다는 것은 쉽지 않다. 지금의 위치에 오는 데까지 수많은 시련을 겪어야 했다.

으로 작동할 수 있을 것이다.

고등학교 2학년이 되어 이과반에 들어가면서부터 나는 전형적인 문과형인 나의 뇌를 이과형으로 바꾸어야 했다. 과학적인 사실을 습득하는 학습에는 어려움이 없었지만, 복잡한 사실을 단순화하고 체화하여 문제를 푸는 것이 어려웠다. 그러나 다른 방법이 없었다. 실험을 할 수 있는 설비가 전혀 없는 학교에서 교과서만으로 과학을 배우는 것은 참으로 답답한 일이었다. 더구나 당시 우리 학교에는 과학 교과 네 과목을 전공하신 선생님이 다 계시지 않아서 질문을 할 분도 없었고, 과외나 학원도 다니지 않았으므로 혼자서 끙끙 앓으면서 독학을 할 수밖에 없었다. 그래서 여름 방학에 독한 마음을 먹고 수학과 과학에 전념하기로 했다. 혼자서 학교 지하의 조용한 교실에 가서 과학 참고서와 문제

집을 들고 공부했다. 꼭 해야 한다고 마음먹고 공부하니 방학이 지나자 자신감이 붙기 시작했다.

미친 듯이 과학 공부를 하고 나서 학력고사를 보았다. 그때는 모든 과목을 다 시험보았는데, 아마 열다섯 과목 정도 본 것 같다. 원래 내 효자 과목이었던 국어와 영어, 사회 과목은 크게 힘들이지 않고도 성적이 잘 나왔고 1년간 최선을 다한 수학과 과학에서도 거의 만점이 나왔다. 당시 우리나라는 이공계 우수 인력에 대한 대우가 매우 좋았기에 굳이 의대를 가지 않고 자연대와 공대를 가는 경우가 많았다. 그런데 내 성적이 전국 최상위권으로 나오니 갑자기 주위의 선생님들과 가족들이 서울대 법대나 서울대 의대를 가라고 권고하셨다.

그러나 나는 반복적인 일을 하는 것을 싫어했고 스스로 자유롭게 추구하는 것을 더 선호했기에 그런 직업은 나에게 맞지 않는다고 생각했다. 인간을 포함한 자연의 진리를 알고자 하는 사람은 기초 학문을 해야 한다는 당시 읽었던 책에 크게 감명받아서, 새로운 것에 도전하고 세상에 도움이 되는 기초 과학을 공부하고자 하는 강력한 욕구가 솟구쳤다. 또한 내가 되고 싶은 교수가 되려면 자연과학대학에 가야 한다고 생각했기에 당연히 서울대 자연대를 선택했다. 그때서야 나는 과학자가 되겠다고 생각한 것이다.

과학자가 되기 위해 생활을 전환하다

자연대를 선택할 때는 화학과에 가려고 생각했는데, 1학년 때 생물학을 들으면서 재미를 더 느꼈고 당시 《타임TIME》 표지에 처음으로 유전

4 | 행동하지 않으면 변화도 없다

공학이 미래를 변화시키는 신기술이라고 부각되었기에 유전공학을 공부하고 싶어졌다. 그래서 지도 교수로 지정되어 있던 교수님께 처음으로 면담하러 찾아가서 상의를 드렸다. 교수님은 물리학과 소속이셨지만, 내 말을 듣고는 이렇게 말씀해주셨다. "내가 생물학 전공 교수들과 이야기해보았더니, 앞으로는 동물학 분야가 매우 부상할 거라고 하시더라." 동물학? 주알러지Zoology라고 영어로 표기하면 정통적인 생물학 분야로서 품위가 있어 보이는데 동물학이라고 옮긴 우리말은 영 끌리지 않았다. 그러나 유전공학을 연구할 수 있다는 말씀에 다시 귀가 솔깃해졌다. 나는 다시 한 번 더 나의 선택을 믿기로 했다.

전공을 정하고 학과에 들어가 보니 학과 이름 때문인지 남자들만 그득했다. 처음 학과장 교수님과의 단체 면담에서는 이번 학번에 여학생이 많이 들어와 참 걱정된다고 하셨다. 그게 무슨 말인지 나는 금방 알아듣지 못했는데, 나중에야 그 뜻을 알게 되었다. 여학생을 열심히 가르쳐봤자 전공을 살려 교수가 되기 어렵다는 말씀이었다. 그랬다! 그때 다시 주위를 살펴보니 우리 대학에도 다른 대학에도 생물학 분야에 여자 교수가 없었다.

학과 전공을 정하고 첫 학기에 내가 하고 싶었던 유전공학 관련 기초 과목인 세포생물학을 열심히 들었는데, 학기가 지나고 나니 세포생물학 실험실의 조교 선배님이 나를 따로 부르셨다. 교수님께서 실험실에 들어와서 연구를 해보라고 하신다는 것이다. 이렇게 빨리 실험실에 들어간다고 생각하니 기대가 되기도 하고 두렵기도 했다. 그러나 좋은 기회라고 생각했고 학과에서 가장 잘나간다는 그 실험실에 교수님과 선배님의 선택으로 최초로 들어가게 됨을 기쁘게 생각했다.

비록 나는 내가 하고 싶었던 유전공학을 공부할 수 있는 학과에 들어왔지만, 막상 실험실 생활을 해보니 생각과는 많이 달랐다. 너무나 많은 시간을 실험실에서 보내야 했고 매일 같은 사람들과 좁은 공간에서 부딪치는 일이 항상 즐겁지만은 않았다. 자유로운 내 성격에 평생 이 일을 할 수 있을까 하는 의구심이 들었다. 나는 여러 종류의 사람을 만나고 문학과 예술, 역사를 배우고 즐기면서 살고 싶었기 때문에 캠퍼스를 방황하고 다녔다. 그래서 인문대나 음대와 미술대 근처를 어정대고 다양한 분야의 친구들과 여행 동아리도 하면서 내 인생의 방향을 고민했다. 어떻게 하면 내가 좋아하는 분야와 내가 선택한 분야를 잘 접목할 것인가가 관건이어서 과학사와 과학 철학 과목을 매 학기 열심히 들었다.

그러다가 3학년 여름 방학에 집에서 과학사 책을 읽다가 문득 깨달았다. 나는 내가 역사를 좋아하고 글쓰기를 잘한다고 생각했는데, 이를 전공한 사람들에 비하면 무척 약했던 것이다. '그래, 난 내 전공에 바탕을 두고 앞길로 나아가야 해. 이제 와서 내가 좋아한다고 길을 바꾸면 이미 늦은 거야. 고등학교 2학년 때 문과형 뇌를 이과형 뇌로 바꾸려고 노력했듯이, 내 생활도 자유로운 무전공에서 전공 중심으로 바꾸는 거야.'

새로운 유전공학 실험을 할 수 있는 곳으로 가다

학부 과정 중에는 실험실에 들어가고도 실험을 할 수 없었기에 대학원에 진학했다. 당시에는 한국에서 가장 좋은 실험실이었지만 학생 수에 비하여 실험에 필요한 기본 기구와 기자재가 없고 유전자 조작을 할 수 있는 기술이 없었다. 실망스러운 환경에 의기소침해 있을 때 사귀고 있던 남자 친구가 결혼하고 같이 미국에서 공부하면 훨씬 좋은 환경에서 새로운 분자생물학 실험을 할 수 있을 거라고 매우 강하게 권했다. 너무나 고민이 되었다. 그러나 답답한 한국 실험실 사정을 생각해보면 그것도 맞는 말인 듯도 했고, 가장 우수한 성적으로 입학하고 졸업해도 여학생은 인정받지 못하는 한국의 현실이 답답하기도 했다. 미국에 가기로 하고 지도 교수님께 말씀드렸다. 교수님은 이렇게 되면 내가 주부 생활만 하고 더 이상 공부할 수 없게 되리라 생각하시고 나에게 너무나 실망하셨고 노여워하셨다. 몹시 죄송하여 드릴 말씀이 없었다. 특히 내 의지와 능력대로 미국 대학원을 선택하지도 않고 남편을 따라서 가는 것을 무척 못마땅해하셨다. 그저 빨리 넓은 세상으로 가서 실험을 맘껏 배우고 싶은 마음뿐이었다.

만 23세에 결혼을 하고 큰 아쉬움을 한국에 둔 채 2주 만에 남편을 따라 미국 유타 주 솔트레이크시티에 갔다. 너무 어린 나이에 결혼을 하고 미국에 갔을 뿐 아니라, 한국에서의 대학원생 신분도 벗어버리고 유학생 신분이 아닌 유학생 부인 신분으로 갔기 때문에 초반에 매우 우울했다. 내 인생 최초로 좌절감을 느꼈다. 여태껏 느껴보지 못한 무력감으로, 이렇게 내 인생이 끝나버릴지도 모른다는 두려움에 떨었다. 내 인생 목표에 다가가기 위해서는 무언가를 해야만 했다.

그래서 유타 대학교 의과대학 생화학과에 무작정 가서 대학원생 선

학술진흥재단과 과학기술부 선정 우수연구성과에 선정된 기쁨을 연구실 학생들과 나누었다.

정위원회 담당 교수님 면담을 요청하고 내 사정을 설명한 후 대학원생으로 지원하고 싶다고 말씀을 드렸다. 진심이 통했는지 교수님께서 나를 유심히 보시며 정말로 하고 싶으냐고 물으셨다. 그렇다고 대답했다. 그렇다면 내가 대학원생으로 적합한지를 보여달라고 하셨다. 그때까지 유학 준비를 본격적으로 하지 않았기 때문에 토플 점수만 있었고 GRE 성적도 없었다. 내가 영어로 하는 수업을 들을 수 있는지, 과학자로서 자질이 있는지 증명할 방법이 없었다. 당시 세계에 한국이 잘 알려져 있지 않아서인지 서울대학교가 어느 정도 수준의 학교인지 몰랐다.

그래서 그 자리에서 나는 교수님과 약속했다. 첫째, 대학원 수업을 한 과목 듣고 좋은 성적을 받는다. 둘째, GRE 성적을 합격선으로 받는다. 셋째, 실험실에서 실험을 하여 내 연구 능력을 보인다. 매우 벅찬 약속이었지만 어차피 내가 가고자 하는 길에 필요한 것이므로 열심히 하겠다고 했다. 나는 대학원 수업의 유일한 동양권 학생이었으며 대학원생 자격이 아닌 단과목 수강자 자격이었다. 영어도 잘 못 알아듣고 미국식 수업 및 시험 방법도 모르지만 밤을 새워가며 공부한 결과, 대학원 과목에서 미국 대학원생들보다도 좋은 성적을 받았다. GRE도 합격선에 들어서 대학원 입학 자격을 충족했다.

나로서 특히 중요한 것은 실험을 배우는 것이었다. 미국 실험실의 연구원이 되면 월급을 받고 일을 하지만, 나는 유학생 부인 신분의 비자(F-2)를 가지고 있기 때문에 임금을 받을 수 없었다. 그래서 돈도 안 받고 면담한 교수님의 실험실에 들어가 실험을 배우고 일을 했다. 처음 배우는 유전공학 실험은 환상 그 자체였다. 지금도 첫 번째 실험 결과가 나오던 밤에 결과를 보고 기뻐하던 내 모습이 떠오른다. 기자재며 실험 도구들이 충분했기 때문에 하고 싶었던 실험을 내 맘껏 할 수 있어 정말로 행복했다. 실험을 배우고 금방 결과도 잘 나와서 교수님이 매우 기뻐하셨다. 그래서 나에게 월급을 지급할 수 있게 빨리 대학원생으로 받아주시겠다고 하셔서 나는 미국에 간 지 반 년 만에 석·박사 통합 과정 대학원생이 되었다.

이제 내가 하고 싶었던 공부를 열심히 하는 일만 남았다. 남편과 나는 매일 점심과 저녁을 집에 와서 해 먹으면서도 다시 실험실에 가서 밤늦게까지 열심히 실험을 했다. 나는 만 4년 반 만에 남편과 같은 해에 박사 학위를 받을 수 있었다. 내가 미국 대학원 입학 동기 중에서 가장 먼저 학위를 받은 셈이었다. 우리나라에 계신 지도 교수님께 죄송한 마음을 뒤로하고 미국에 왔기에 가장 먼저 소식을 알려드렸다. 만 28세에 박사가 되어 한국의 대학 동기 중에서도 가장 먼저 이학 박사가 되었다. 내 박사 학위 심사위원 중에는 세계적으로 유명한 여성 과학자도 계셨는데 날카로운 질문을 하면서도 자상하게 좋은 말씀을 해주신 기억이 난다. 미국에 와서야 비로소 생물학 분야의 여자 교수님을 뵙게 되었다. 그분은 내가 되고 싶은 훌륭한 과학자의 모습이었기에 비로소 미래의 내가 되고 싶은 모델을 찾은 셈이었다. 박사를 받았으니, 이제야 드디어 진정한 과학자 인생이 시작된 셈이다.

내가 생전 처음 비행기를 타고 유타로 갔을 때 샌프란시스코 상공에서 사진으로만 보던 금문교를 보았다. 바로 이곳이다! 난 이 그림 같은 도시가 내 새 삶의 터전이 되었으면 좋겠다고 생각했다. 그래서 박사 학위 마지막 학기에 샌프란시스코 주변의 대학에서 박사후연구원 자리를 알아보았다.

그중 스탠퍼드 대학교 의과대학의 발생생물학과에서 내 연구 분야를 필요로 하고 있어 제의가 들어왔다. 스탠퍼드는 샌프란시스코 남쪽의 팔로알토라는 전원적 도시에 있어서 문화와 자연이 어우러진 좋은 위치에 있을 뿐 아니라, 생물학 분야에는 여러 명의 노벨상 수상자가 연구 중이어서 학구적으로도 좋은 자극을 받을 수 있는 곳이었다. 드디어 박사후연구원으로 연구를 시작하게 되었을 때 나는 이떤 연구를 평생 하고 싶을까 많은 고민을 했고, 그리하여 얻은 결론이 지금까지 주로 하던 DNA에 대한 연구가 아니라 RNA라는 핵산 분자가 세포 내에서 어떻게 단백질과 결합하고 특정한 세포 내 공간으로 이동하는지를

    4 | 행동하지 않으면 변화도 없다

연구할 결심을 하게 되었다.

과학자로서 엄마가 되다

내가 한국에서 미국으로 올 때 다짐한 것은 서른 전에 빨리 박사 학위를 받고 서른 전에 엄마가 되는 것이었다. 물론 굉장히 어려울 것 같다는 생각도 들었지만 그래도 꼭 엄마가 되고 싶었다. 박사 학위를 따는 중에 엄마가 되면 타지에서 아기를 키우기 어려워 한국으로 아기를 보내는 부부도 보았는데 그렇게 하기는 정말 싫었다. 마음의 준비가 되고 연구자로서 위치가 어느 정도 확실해진 다음에 아이를 낳아 즐기면서 키우고 싶었다. 그래서 스탠퍼드 대학교에서 내 연구가 자리를 잡아 갈 즈음에 아기를 가졌다. 내가 배 속 아기에게 해줄 수 있는 최고의 선물은 건강한 아기의 몸을 위해 잘 먹고 즐겁게 일을 하는 것이었다. 아기를 낳고는 생물체가 정말 대단하다고 감탄했던 기억이 난다. 당시에 나는 발생생물학을 공부하고 있었는데, 얼마나 많은 유전자가 질서 정연하게 잘 작동해야 하나의 완벽한 생명체가 태어나는지에 관해 연구하고 있었다. 그런데 이런 완벽한 생명체가 내 몸 안에서 만들어져 분리되어 나왔다는 것이 기쁘고도 신기했다.

아기가 돌이 될 즈음에 남편이 한국에 몹시 들어가고 싶어 해서 자리를 알아보기 시작했다. 나는 아직도 미국에서 하고 싶은 연구가 많았고 생활하는 것도 아주 만족스러웠기 때문에 금방 한국에 들어가고 싶은 마음은 없었다. 그러나 남편의 한국 내 자리가 결정되자, 가족의 상황을 고려하여 한국으로 같이 돌아와야만 했다.

당시에 미국에서 박사 학위를 받고도 한국에 와서 자리를 잡지 못하는 과학 분야 여자 선배들이 많았기 때문에 솔직히 마음이 매우 무거웠다. 혹시 나에게도 교수가 될 기회가 없을 것 같아 불안하기도 했다. 첫해에 여러 군데 대학에서 교수를 뽑는 자리가 있어 거의 대부분에 지원했지만 결국 자리를 잡지 못했다. 첫해 겨울이 얼마나 외롭고 추웠는지 모른다. 당시에는 박사후연구원 경력이 없어도 교수가 되는 경우가 있었고, 나와 비슷한 경력의 남자들은 별 어려움 없이 대학이나 연구소에 자리를 잡을 수 있었다. 그러나 나는 다른 남자 경쟁자들보다 일찍 학위를 받아서 나이도 서너 살 어렸을 뿐 아니라 어린아이도 있는 여자여서 내가 과연 좋은 연구와 교육을 하는 교수가 될 수 있을지 의구심을 갖는 면접관들도 있었다.

첫해 고배를 마시고 몇 달 동안 집 안에서 아이를 보고 시어머니 일을 도우며 살림만 하는 전업주부로 생활했다. 학위와 연구를 잘하고 와서도 일할 자리가 없다는 사실을 어릴 적 친구나 주변 사람들에게 보이기 싫었다. 아주 의기소침한 나날을 보냈다.

그러던 어느 날, 남편이 연구소에서 보던 최신 《네이처Nature》 저널을 집에 들고 왔다. 나는 그전에 1~2년간 《네이처》를 구독하고 있어서 집에 여러 권이 있었지만 미국 살림을 다 풀 곳도 없어서 그냥 상자에 쌓아놓고 열어보지도 못하고 있었다. 그런데 최신 저널에 나온 논문을 읽는데 나도 모르게 눈물이 나기 시작했다. '나도 이런 일을 해보고 싶다. 이런 훌륭한 연구를 하는 것이 내 꿈이었는데, 난 집 안에서 무얼 하고 있나. 이렇게 내 연구 인생을 끝낼 수는 없다.'

    4 | 행동하지 않으면 변화도 없다

반복적인 강의만 하는 교수가 아닌 학생들과 동고동락하며 실험하는 교수가 되고 싶다.

그래서 선배가 운영하는 실험실에 가서 나도 실험을 다시 하고 싶다고 말씀드렸다. 선배가 흔쾌히 허락해서 다시 두 번째 박사후연구원 생활을 시작했다. 미국에서와는 달리 월급도 훨씬 적었고 아이도 맡기고 다녀야 했으며 또 다음 행보를 위해 시간 강사도 해야 해서 충분히 연구에 전념할 시간이 없었다. 그래도 다시 새로운 분야인 면역학을 연구하고 한참 밑의 후배들과 같이 지내면서 활기를 되찾기 시작했다.

드디어 교수가 되었으나, 갈 길이 멀다

그렇게 1년을 다시 실험실에서 보내고 다음 해에 교수 공고가 나오자 지원을 했다. 운이 좋았는지 한남동에 있는 단국대학교의 신설학과인 분자생물학과에 세포생물학 전공으로 발령을 받았다. 신임 교수를 반기는 학생들과 동고동락하며 신설학과의 어려움을 극복하고자 했다. 그러나 학교가 이전을 준비하고 있던 관계로 실험실을 배정받을 수 없어 연구를 시작하기가 매우 어려웠다. 그래서 학부 학생들을 데리고 다른 학교 실험실에 가서 실험을 하기도 했다. 결국 동물 세포를 배양하고 적정한 실험 방법을 구사하는 데 4~5년이나 걸렸다. 그사이 연구 결과가 나오지 않았고 연구실을 운영할 경비도 없어 경제적으로 매우 어려운 시간을 보냈다. 주변에서는 상황이 여의치 않으면 연구에 힘들이지 말고 강의만 잘하면 어떠냐는 분들도 있었지만, 반복적인 강의만 하는 교수는 내가 생각한 교수 생활과는 매우 동떨어져 있었기에 생각할 수도 없었다. 연구를 하면서 새로운 발견을 하는 희열을 맛보고 싶었는데, 내가 근무하는 학교의 실험실에서 할 수 없다는 현실이 난감했다.

특히 IMF 때는 연구 재료비가 천정부지로 치솟았는데, 연구비는 한

RNA 분야의 노벨상 수상자인 앤드류 파이어 박사님을 모시고 강연도 듣고 학생들과 즐거운 시간도 가졌다.

    4 | 행동하지 않으면 변화도 없다

건도 되지 않아 거의 개인 돈으로 연구를 해야 했던 적도 있었다. 더욱이 내가 교수가 되면서 처음으로 시도한 RNA 앱타머aptamer를 선별하는 방법이 생각보다 쉽게 되지 않아 어려움이 컸다. 아직 독립적인 연구자가 될 만큼이 아닌데 교수가 되어 이러는 건가 싶어 나 자신에 대한 의구심도 들었다.

다시 혼자서라도 미국에 가서 공부를 더 하고 싶었지만 어린 딸과 남편을 생각하면 그럴 수가 없었다. 조언을 해주거나 연구 외적으로 도와줄 만한 멘토가 없고 더구나 여자 선배 교수가 전혀 없는 상황이어서 과연 내가 잘해나갈 수 있을지 두렵기까지 했다.

어릴 때부터 되고 싶었던 교수가 되었고 학생들과도 잘 지내고 강의도 열심히 했지만, 막상 교수가 되고 보니 막연하게 생각했던 교수 생활과는 많이 달랐다. 연구가 안 되면 강의를 비롯한 다른 모든 일이 재미가 없어졌다. 남들이 보면 서울 시내 학교에 전임 교수가 된 사람이 배부른 사치스러운 소리를 한다고 할 수 있었지만, 나는 연구를 할 수 없으면 행복하지 않았다. 이제 정말 내 인생의 목표가 교수가 되는 것이 아니라 진정한 과학자로서 연구하는 것이었음을 뼈저리게 깨달았다.

거의 20년 가까운 교수 생활 동안 연구와 교육, 행정 모두 잘하고자 나름 열심히 노력했다. 현재 하고 있는 연구는 새로이 등장한 중요한 RNA와 RNA 결합단백질을 연구하고 그 중요성을 부각하는 것이다. 즉, 현재까지 간과되고 있던 RNA나 결합단백질이 잘못되어 암을 비롯한 다양한 질환의 원인이 됨을 밝히고자 한다. 이에 따라 RNA를 암을 진단하거나 치료하는 신약의 표적으로 발굴하고자 한다. 세계적으로 인정받고 선도하는 기초 연구를 하여 생명 과학의 새로운 응용 가능성을 보이는 분야를 개척하고자 노력하고 있다.

후배들에게 하고 싶은 말이 있다

첫째, 어려울 때는 책을 찾아 읽는다. 교수가 된 초기에는 내가 과의 유일한 여자 교수였고 외부에도 여자 동료들이 별로 없어 주변의 사람들 대부분이 남자였다. 이들을 이해하기 위해서, 내 생각을 논리적으로 정리하고 표현하기 위해서, 상대방의 마음을 읽고 설득하기 위해서, 내가 하고 있는 연구의 방향이 잘되고 있는지 생각해보기 위해서 나는 책을 읽었다. 옛날 중·고등학교 때 읽은 소설책도 다시 읽으면서 인간에 관하여 다시 생각해보고 새로운 책을 읽으면서 현재 세상을 이해해보려고 노력하기도 했다. 교수가 되고 초반에 연구가 잘 안 될 때 매일 저녁 피곤한 몸을 끌고 집에 와 자기 전에 책을 읽는 것이 낙이 된 적이 있었다. 그때는 마음이 안 잡히니 연구 관련 논문은 안 읽혔고 그저 마음을 다스리고 생각을 정리할 책을 주로 읽었다. 또한 예술에 대한 감동으로 마음의 평화를 얻고, 어려움을 극복한 위인의 예를 보며 대리 만족을 하고 현재 일어나고 있는 일이 나에게만 국한되지 않는다는 사실에 위로받으며 미래를 위해 참고 장기적인 안목을 가질 수 있도록 해준 것이 바로 책이다.

둘째, 생명 과학 연구는 하루아침에 결과가 나오지 않는다. 오랫동안 꾸준히 연구를 하고 연구 결과를 쌓아가다 보면 생명 작용 이치가

     4 | 행동하지 않으면 변화도 없다

보이기 시작하는데, 이 경지에 이르기가 쉽지 않다. 어려서부터 가졌던 인간에 대한 관심이 생명에 대한 경외심과 생명에 대한 연구로 이어지고 세상에 도움이 될 수도 있으니 정말 복 받은 분야이지만, 그만큼 어려운 시간이 있을 수 있다. 그렇기 때문에 생명 과학자에게는 꾸준히 추진하는 의지력과 오뚝이와 같은 근성이 제일 중요하다. 긍정적인 마음 자세와 어려운 상황에도 굴하지 않는 위기 극복 능력을 배양하도록 노력해야 할 것이다.

셋째, 논리에 기반한 통합형 사고와 리더십이 필요하다. 과학을 공부함으로써 논리적으로 자연을 분석하는 눈을 가지게 된 것은 나 같은 문과 성향의 사람에게는 정말 다행스러운 일이다. 논리에 대한 교육은 타고난 감성과 상상, 유추 능력에 날개를 달아주어 정확한 판단과 방향 설정에 도움이 된다. 생명체는 물리나 화학의 법칙을 따르는 분자로 구성되어 있지만, 훨씬 복잡한 체계로 운영되기 때문에 단순화한 수식보다는 복합적인 통찰력이 요구된다. 그러므로 분석적인 해석 능력과 더불어 통합적인 사고력이 필요하며, 논리성 외에도 상황에 따른 판단 능력과 같은 유연성이 필요하다. 이러한 복합 능력이 과학자 사회에서도 빛을 발휘하면 주변 사람들과 잘 소통하고 상대방을 이해하고 도와주는 따뜻한 리더십으로 발전할 수 있다.

넷째, 훌륭한 여성 과학자 멘토의 이야기를 새겨듣는다. 내가 스탠퍼드 대학교에 있을 때 프린스턴 대학교의 셜리 틸만 교수님이 오신 적이 있었다. 그분은 분자생물학 교수로서 대학의 총장이 되신 분인데 그때 이런 이야기를 하셨다.

BK21 사업과 국가지정연구실 사업에 선정된 후 다수의 국제심포지움을 개최하며 국제적 연구리더그룹으로 성장하고 있다.

"내가 여성이면서도 성공한 이유는 세 가지입니다. 첫째, 자신이 옳다고 믿는 일은 고집스럽게 인내하고 노력하는 것, 둘째, 항상 유머 감각을 잃지 않는 것, 세 번째는 현실 인식 능력이 없었다는 것입니다. 마지막의 경우에는 불행인지 다행인지 모르겠네요. 내 일을 열심히 하는 동안에는 사회에 성차별이 존재한다는 사실을 모를 만큼 무감각했어요. 나중에 내 자리를 잡고 보니, 그때야 보이더라고요. 그래서 후속 세대의 여성을 키워주어야겠다고 생각했죠."

누구나 개인적으로 어려운 고비도 있고 한 번 사는 인생이기에 실수도 한다. 하지만 우직하게 때로는 둔하게 나아가면 진실 추구의 진정성과 전문 분야의 수월성이 연결되어 그 누구도 넘볼 수 없는 경지에 이른다고 나는 생각한다.

4 | 행동하지 않으면 변화도 없다

아무리 현실이 어려워도 탁월한 연구자와 훌륭한 교육자가 될 수 있고, 더 나아가 우수한 여성 후배들에게 길을 열어주는 사회 지도자 역할을 할 수 있으리라 다짐해본다.

韓銀美

한은미 전남대학교 공과대학 고분자공학과를 졸업하고, 동 대학원에서 석사 학위를, 일본 동경공업대학에서 박사 학위를 받았다. 일본 통상산업성 공업기술원 특별 연구원, 삼성종합기술원 선임 연구원을 역임했다. 전남대학교 공과대학 응용화학공학부 교수이자, 한국여성과학기술인지원센터 호남제주권역사업단장을 맡고 있으며, 2011년 전남대학교 학생지원처 부처장을 역임하였다.

한 은 미

사람 속에 있었다

내 기억 속 첫 영어 단어, 엔지니어

과학 캠프 행사장에서 한 초등학생이 어머니 손에 이끌려와 쭈뼛거리다가 말을 건넸다. "왜 공대에 가셨어요?", "어떻게 교수님이 되셨어요?" 마치 연습해온 듯 답할 틈도 없이 질문을 연속 던지더니 함께 사진도 찍고 싶다고 했다. 며칠 뒤 청와대 홈페이지에는 어린이 기자단이 올린 '나의 꿈' 이야기가 실려 있었다. 지금도 여전히 "왜 하필 공대를 갔는가"라는 질문을 받곤 한다. 예나 지금이나 학계와 산업계에서 활동하는 여성 공학인이 소수이고, 공대는 남성들의 전유물이라는 인식이 앞서기 때문일 것이다. 그러나 지금 내가 근무하는 국립대학인 전남대학교 공과대학에 재학하는 여학생 수는 이미 천 명을 훌쩍 넘었고, 곧 공대의 3분의 1을 차지할 것이기에 내가 대학에서 만났던 공대 입학 동기 여학생 일곱 명과 비교한다면 우리 사회에서 이 같은 급격한 변화의 예는 쉽사리 찾기 어려울 것이다.

공학도의 길을 내딛은 나의 선택은 초등학교 3학년 때의 작은 사건 속에서 싹텄다. 여름방학 내 태양에 그을린 친구들 얼굴 틈에서 하얗게 빛나던 전학생을 발견했다. 자리에서 일어나 야무지게 자기소개를 하는데 장래 희망이 '엔지니어' 란다. 우리 집 강아지 이름 '해피' 가 영어인 줄도 모르고 불러대던 때였으니, 처음 들어본 그 영어 단어 역시 뜻도 모른 채 그저 근사하게만 들릴 뿐이었다. 내 어릴 적 기억 속 그 소년의 꿈은 내게 각인된 첫 영어 단어이자 당당한 꿈의 표현이었다. 그러나 중학생이 되어서도 그 꿈은 영어 단어장 속에 묻힌 채 내게는 아무런 의미가 없었다. 마치 결혼하면 아빠는 남자, 엄마는 여자임에 의문을 던질 필요조차 없는 것처럼 나 역시 공학은 남성만의 학문이라는 통념 속에 어떤 의구심도 없이 나의 꿈이 아닌 채 자라왔던 것이다.

사람들은 익숙한 것에 편안해하고 구체적 꿈이 없으면 결국 그 익숙함을 택하기가 쉽다. 그렇기 때문에 어릴 적부터 진로 선택의 폭을 넓힐 수 있는 다양한 경험을 갖는 것은 자신을 적극적으로 사랑하는 방법인 것이다. 나 역시나 내 눈에 늘 익숙한 학교 선생님이 되고 싶다는 바람이 장래 희망이었던 평범한 학생이었다. 설령 그런 내가 엔지니어가 되고 싶다고 했어도 가족 모두가 말렸을 것이다. 야윈 체형이어서 '빼빼시' 라고 불리거나, 툭하면 눈물부터 쏟아내어 당시의 순정 영화 주인공을 휩쓸었던 영화배우 '김지미' 가 별명일 정도로 여리기만 했기 때문이다. 게다가 키는 반에서 제일 작은데다가 부끄러움이 많아 목소리도 숨어들어서 학급반장임에도 학급회의 진행을 부반장에게 양보해야 했다. 어렴풋 자존심의 상처보다도 남들 앞에 서야 하는 그 자리를

    4 행동하지 않으면 변화도 없다

모면했다는 안도감이 더 컸던 기억이고 보면, 지금의 당찬 여장부 이미지는 분명 공학과의 인연으로 얻어진 나의 큰 변신이기도 하다.

중학교에 갓 입학한 내게 변화가 찾아왔다. 대도시로 전학을 갈 꿈을 세운 것이다. 도시의 고등학교로 진학을 하기 위한 시험을 준비하던 중학교 3학년 언니들 틈에서 밤늦게까지 함께 공부하다 보니, 어느 결엔가 나도 선배 언니들과 같은 꿈을 꾸고 있었던 것이다. 지금 같은 글로벌 시대에는 어디에 있든 기회의 차이가 크지 않지만, 당시에는 지방에 살면 서울이 보이고 서울에 살면 태평양이 보인다 했던지라 나의 전학은 좁은 우물 안을 뛰쳐나오려는 개구리의 꿈이었다. 중학교 1학년 내내 전학을 보내달라며 부모님을 졸랐고 결국 1년 만에 당시 대학생이었던 오빠와의 자취 생활로 겨우 승낙을 받았다. 그런데 전학 소식을 접한 선생님이 나를 교무실로 부르시더니 이미 굳어진 내 마음을 심하게 뒤흔드셨다. 어릴 적 고향을 떠나면 훗날 돌아와서도 외톨이가 되고 새로운 학교에서도 친구를 사귀기가 어렵다며 전학을 가지 못하게 말리셨던 것이다. 지금 생각해보면 성적이 우수한 학생을 붙잡아두려는 의도였겠지만, 당시는 어린 마음에 엄청난 큰 고민이었다. 전학 가기 하루 직전에는 수십 년 만에 고향을 찾은 일본 조총련계 모국 방문 환영 행사장에서 합창 도중에 쓰러져버리는 사건까지 생겼다. 의식을 잃던 그 순간 치닫는 생각은 북한에 세뇌된 채 살아온 그들에게 나로 인하여 남한 아이들이 영양실조로 픽픽 쓰러진다는 오해를 받아서는 안 된다는 어린 생각뿐이었다. 합창단 한가운데 맨 앞에 서 있던 나는 쓰러지지 않으려고 두 다리로 꼿꼿이 버텨내느라 몇 번을 친구들과 부딪히며 휘청거리며 결국 방문단 앞에까지 튀어나가 의식을 잃은 것이다. 숙직실에서 의식을 찾은 순간 다시 밀려든 상상은 약한 체력에 전학이 무슨 소리냐며 싸놓은 자취 살림을 다시 풀어 헤치는 어머니의 모습이었다. 선생님께 떠밀려 조퇴를 하고 집으로 갔더니 어머니는 내 자취 살림 중 한 가지가 빠졌다며 주황색 플라스틱 바가지를 한 손에 사 들고 시장에서 막 돌아오시는 길이었다. 운동장 조회 시간이면 빈혈에 자주 주저앉던 빼빼시 딸이 전학 가기 하루 전날에 의식 불명으로 큰 행사를 망쳤다는 엄청난 소식이 부모님 귀에 들어갈까 봐 일찍 하교한 이유부터 새하얀 거짓말을 해야만 했다. 전학 가는 내일까지 하루만 조용히 넘어가주기를 바라면서 고향 집에서의 마지막 밤을 보냈다.

우연 속에 건진 단어, 공대

다음 날 전학 온 교실에서의 아침은 새로 전학 온 나와 제일 키 작은 학생과의 도토리 키재기로 떠들썩하게 시작되었다. 맨 뒷자리가 비어서 반에서 키가 제일 큰 친구의 옆자리에서 마치 고목에 붙은 매미처럼 앉아 새로운 시작을 하였다. 그러나 학교생활은 내 전략대로 되어가지 않았다. 전학 후 당연히 성적은 뚝 떨어질 것이고 등수를 착착 올라채는 재미를 기대했건만 학년이 바뀌어도 떨어진 성적은 좀처럼 박차고 올라서지를 못했다. 게다가 시내버스를 타지 않고 걸어서 아껴 모을 것이라던 나의 재산 축적의 꿈마저도 학교 담벼락 옆 자취방 살림으로 무산되었다. 결국 회유와 불안 속에서 결정했던 개구리의 탈출은 그리 활발하질 못한 채 중학교 졸업을 한 것 같다. 고등학생이 되어 내가 바꿀 수

4 | 행동하지 않으면 변화도 없다

있는 환경이란 나보다 더 공부 잘하는 친구와 짝꿍이 되는 것이었다. 키순대로 번호를 정할 때 내 역사에 없는 21번을 받은 것은 운동화 안 뒷꿈치 아래에 돌멩이를 몰래 넣어 임시 반장 옆에 나란히 선 덕분이었다. 다행히 성장판의 늦은 활약으로 고등학교 3학년 때부터 봄날 죽순 자라듯 키가 커서 당시 앞뒤로 앉았던 동창들에 비해 머리 하나는 더 솟는 키가 되었고, 지금은 전국 마라톤 대회, 크로스 컨추리 대회, 산악회 등을 쫓아다닐 만큼 에너자이저로 변신을 하였다.

이렇듯 하고 싶은 일이 생기면 막연히 꿈을 키우기보다는 스스로 포기하지 않을 환경을 만드는 일부터 시작해왔다. 그런데 쉽게 포기하지 않는 근성을 가진 내가 막연한 기대로 꿈틀거렸던 엔지니어에 대한 꿈만큼은 키워볼 생각도 아예 하지 못하고 잠재의식 속에 버려둔 채 대학 입시시험을 앞둔 고등학교 3학년이 된 것이다. 어느 날 자습 시간에 잠을 쫓느라 중얼중얼 영어 단어를 외우며 교실 뒤를 거닐다가 졸업 선배들이 어느 대학 무슨 학과를 진학했는지가 적힌 자료를 보게 되었다. 깨알 같은 글씨를 손가락으로 짚어가며 읽어가다 순간 머리를 심하게 강타 당한 느낌에 얼음이 되었다. 검지손가락 아래에 '공대 전기과' 라는 단어가 걸린 순간, "앗! 있다."가 아닌 "이런! 있었구나. 있었잖아?" 라는 짧은 외침이 튀어나왔다. 전교생 중 단 한 명이 공대를 진학했다는 기록이었다. 그 우연의 순간에 내게 잠재된 의식을 뒤흔들었던 순간의 충격은 지금도 생생하기만 하다. '아, 여자도 공대를 갈 수 있구나. 갔구나. 나도 갈 수 있겠구나.' 숨 가쁜 독백이 이어지면서, 어릴 적 내재된 엔지니어에 대한 막연한 동경이 여름날 봉숭아 씨앗 터지듯 분출

되는 순간이었다.

중학교 때부터는 남녀공학이 아니었기에 양성평등에 대한 의식을 학교에서 건드려볼 계기가 없이 살아왔다. 어디 나만 그랬을까? 남녀 불문하고 많은 사람들이 문제 제기를 해볼 생각도 못한 채 사회 통념대로 의구심 없이 길들어져 왔고, 특히 여성들은 꿈의 씨앗을 싹 틔울 햇살 없는 곳에서 성인이 되는 것이었다. 이제 시대가 바뀌어가면서 내 안의 뒤늦은 큰 변혁을 맞고 있다. 지금 이렇듯 활자화되는 나의 이야기로 망설임 없이 들추는 것과 남들 앞에서 예스맨이 되어 일을 주저하지 않는 이유는 나의 딸을 포함한 많은 후배 여성들 그리고 여성들과 동행하는 남성들의 인식 변화를 일으킬 가장 효과적인 방법이 '익숙함'이라는 사실을 알기 때문이다. 나처럼, 그리고 선배들처럼 시대의

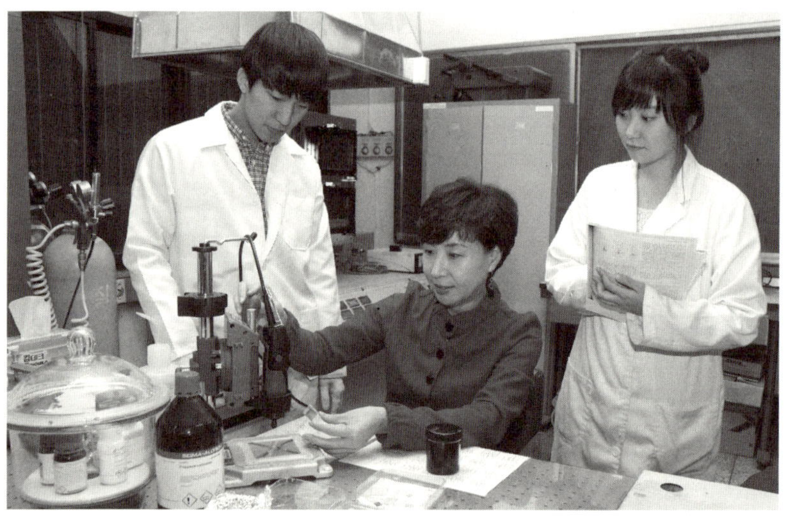

여성이기에 장애가 되는 시대는 끝났다. 학생들과 함께하다 보면 여성 공학의 미래가 장밋빛이라는 낙관을 하게 된다.

4 | 행동하지 않으면 변화도 없다

통념 탓에 꿈꿔보지도 못하고 꿈이 없기에 실천도 노력도 할 수 없게 했던 묶인 손발을 풀어가는 방법은 사회 속에서 활동하는 여성의 모습 자체가 남녀 모두에게 익숙해지게 하는 것이라 생각한다. 나의 개인 성향을 떠나서 이 시대를 선도적으로 이끌고 갔던 여러 분야 여성들을 존중하는 이유는 잠자는 사회 통념 속에서 먼저 깨어났고, 어려운 환경 속의 실천으로 변화를 이끌어왔다는 점 때문이다. 대학교수로서의 내 존재 자체만으로도 공학으로 입문하는 여학생들에게는 높은 장애물을 뛰어넘을 장대와 같은 멘토 역할을 할 수 있어서 행복하다. 그래서 아침 출근 준비을 위해 거울 앞에 설 때면 강의실 안의 학생들이 나의 고객이다,라는 마음으로 옷을 고른다. 단 한 명의 선배가 보여준 공대 선택 때문에 내가 공대에 진학했듯이 누군가는 나를 돌계단으로 삼아 딛고 나아가 수십, 수백 개의 계단을 훌쩍 뛰어넘기를 바란다.

차선을 택한 그 순간 그것은 나의 최선

그렇게 공대 진학이라는 뒤늦은 목표가 생기면서 학과 선택보다는 공대 남학생 속에서 어떻게 생존하느냐가 은근한 고민이자 즐거운 기대였다. 어느덧 대입 학력고사 날이 되었다. 어머니가 격려차 학교 정문까지 동행하여 보온 도시락을 건네주셨다. 시험이 시작된 후, 수학 시험지를 받고서 무척이나 당황하고 말았다. 수학, 물리 과목을 좋아했던지라 이 과목으로 다른 친구들과의 점수 차이를 만들어 냈었는데, 평소 풀 수 있을 만한 문제마저 풀리지 않고 시간만 흘러갔다. 원하던 학과 진학이 물 건너 가버린다는 절망감으로 그 순간 입시 재수생이 되기로 결정했다. 지금 생각하면 최선을 다하지 않은 성급한 결단이었지만, 그 순간의 판단으로는 낮은 점수에 맞춰 원치 않는 학과를 갈 상황을 없애고 부모님께 재수한다는 내 뜻을 관철시키는 길은 아예 시험을 보지 않는 방법이라 판단했던 것이다. 그래서 시험 도중에 필기도구와 도시락을 싸들고 교실 밖으로 나와 버렸는데, 닫힌 철문 앞에서 기도하듯 서 계시는 어머니와 마주친 것이다. 마치 중학교 전학 오기 전날 합창하다가 쓰러지지 않으려고 버티던 내 모습처럼, 어머니는 내 도시락 가방을 움켜쥐고서 다시 들어가라는 사정을 하며 버티셨다. 우리 모녀를 둘러싼 다른 수험생 엄마들까지 울음바다를 만들고, 누구에게 떠밀려 들어온 지도 모른 채 밀려서 교실에 다시 들어와 다른 시험지를 받았다. 영화 속 주인공 '김지미'처럼 그칠 줄 모르는 눈물에 시험지 글씨가 흐릿해지면서 나의 공대 진학의 꿈도 함께 뿌옇게 사라진 듯했다.

결국은 목표로 했던 것은 아니지만 기죽지 않고 다닐 수 있도록 입학 장학금까지 받게끔 입시 전략을 짜준 오빠 덕분에 화공계열에 입학했고 3학년 때는 첫 신설된 고분자공정을 전공하게 되었다.

가장 바라던 최선책이 나의 것이 될 수 없을 때는 차선책을 택하되, 차선을 택한 그 순간부터 그 차선이 나의 최선이 되게 하는 것이 중요하다. 대학은 또 다른 나의 변신의 무대가 되었다. 예전이나 지금이나 내가 우선순위로 두는 것은 가장 자신 없는 일, 가장 바꾸고 싶은 일, 나이가 들면 할 수 없는 일이다. 남들 앞에 서는 것이 두려웠던지라 무대에 서는 연극반 활동을 택했고, 공학에서 부족하기 쉬운 인문학적 교양과 교류를 위해 종합 동아리, 그리고 장학금을 목표로 한 공대 학습

동아리에 가입했다. 내 능력과는 별개로 자기계발을 위한 환경을 만드는 일부터 시작하다보니 자연스럽게 우물 안 개구리의 탈출은 넓은 캠퍼스를 누비는 에너지 넘치는 시간을 보냈다. 초등학교 시절 학급회의도 진행하지 못할 만큼 부끄럼 많던 내가 수천 명의 청중 앞에도 주저하지 않고 나설 변신을 한 것도, 대학 시절 가장 어렵게 느꼈던 유기화학 과목을 지금 대학에서 강의하고 있는 것도 가장 자신 없는 일부터 선택하여 극복하고자 했던 도전인 것이다.

무엇 하나 버릴 게 없더라

내가 대학에 다닐 때는 지금 같은 컴퓨터 시대가 아니었던지라 대기업 공채 기간이 되면 입사 원서를 직접 받아 필기접수를 해야 했다. 인기 있는 기업의 지원서를 받기 위해서는 그 회사 건물 바깥까지 줄을 서야 했는데, 나도 온통 남학생뿐인 긴 줄에 유일한 홍일점으로 끼어 내 순서를 기다렸다. 원서 받을 내 순서가 되었을 때 창구 안에 있는 사람이 몸을 일으켜 세운 채 밖을 향해 "여자는 안 돼요!"라고 소리쳤다. 당시는 공학분야의 기업 공채는 남자만을 뽑았기에 굳이 원서에는 남녀 표기를 따로 할 필요도 없었던 것이다. 많은 남자들 속에서 큰 목소리에 짓눌려 당황했고 얼떨결에 흐린 말투로 "오빠 심부름이에요" 하며 한 장을 받아 쥐었다. 모두가 쳐다보는 시선을 느끼며 창구 바로 앞에서 보란 듯이 빈 원서를 찢고 돌아서 나오는 것이 내가 할 수 있는 대항이었다.

결국 졸업 시기에 아르바이트를 했던 학습지 회사에서 계속 근무를 하게 되었다. 교육부터 학생회원 모집 관리까지 능력제로 수당 지급을 했는데, 한 달 교통비도 안 되는 8,000원이라고 적힌 노란 봉투를 받은 적도 있어서 그 봉투는 지금도 보관하고 있다. 내게 닥친 시련은 되려 나를 키우는 양분이 되었고, 실패의 경험마저도 무엇 하나 버릴 게 없었다. 물론 훗날 세월이 더 흐르고 나서야 깨닫게 된 사실이다. 결국 전문직이 아니고서는 지속적인 직업을 갖기 어려운 현실을 안 것이고, 여성에게는 도전할 기회마저도 닫혀 있는 이 사회를 변화시킬 영향력 있는 사람이 되는 길은 계속 공부하여 특정분야의 전문가가 되는 길뿐이라는 확신이 들었기에 다시 도서관을 향했다.

석사 과정을 마치고 학과 조교로 근무하면서 결혼과 함께 박사 과정에 진학했다. 남편과는 함께 외국 유학을 가기로 약속했던지라, 신혼살림은 언제든 버리고 떠나도 될 수준으로 풀세트 20만 원의 저렴한 가구들로 시작했다. 그런데 남편이 어느 순간부터 회사 생활에 안주하며 하나씩 살림 장만을 하기 시작하는 것이었다. 일본 문부성 장학금을 목표로 일어 학원 등록도 시키고, 퇴근하여 집에 들어오면 시선이 머무는 곳마다 물건마다 일본어 단어를 적어 붙여두는 등 포기하지 않을 환경을 만들었다. 일본 동경공업대학에서 다시 박사 과정을 시작하기로 되었는데, 몇 개월 먼저 일본으로 건너간 남편으로부터 갓난아이를 두고 와야 한다는 연락이 왔다. 함께 데리고 공부할 여건이 아니라는 것이었다. 이민 가방 속에 쑤셔 넣은 기저귀를 다시 풀면서 밤새 울어야 했다. 10개월이 지난 아이까지 맡겨두고 유학을 떠날 때 내가 해야 하는 최선책은 열심히 연구해서 단 하루라도 빨리 박사 학위를 받고 한국으로 돌아오는 길뿐이었다. 그래서 일본 지도교수가 지어준 '김치 파워'라는 별명에 걸맞게 새벽 아르바이트와 날새기 실험을 즐기면서 열심히 살았다.

언제나 그랬듯이 역시 내 진로의 가장 큰 방해꾼은 나였다. 여자가 고학력이면 취업이 더 어려울 것이라는 제한신념이 박사 과정을 마칠 때까지 내 안의 가장 큰 장애요소였다. 불투명한 미래 때문에 흔들리기를 반복할 때마다, '미리 판단하지 말자. 이제는 넘어져도 더 이상 물러설 벽이 없는데 무얼 두려워하느냐. 고민은 피하지 말되 깊고 짧게 하자'라는 마인드 컨트롤 문구를 수없이 반복하다 보니 어느새 공학 박사의 학위증이 내 손에 쥐어져 있었다.

나의 연구 분야, 빛과 전기

나의 박사과정 중의 연구 분야는 유기물을 이용한 발광소자OLED, Organic Light-Emitting Diode 개발이었다. 나노미터의 세계를 들여다보는 원자간력현미경Atomic Force Microscopy 개발과 응용 연구도 했기에 학위 취득 후 일본 문부성 산하 물질공학연구소에서 특별 연구원으로 초빙 제안이 들어왔다. 일본 연구소 근무 중인 수개월 뒤에는 삼성 종합기술원에서 OLED 연구 분야의 선임연구원으로 채용되었다. 대기업이면 대학 실험실 설비로는 해볼 수 없었던 연구를 마음껏 해볼 수 있겠다는 기대감에 주저하지 않고 국내로 들어왔다. 그런데 막상 입사하고 보니 주어진 연구 환경은 텅 빈 실험 공간뿐이었다. 국내에는 OLED 분야에서는 학위를 받은 사람이 없었고 막 연구가 시작된 시기인지라 장비 설계부터 제작까지 새롭게 시작해야 했던 것이다. 유기물 분야에 경험이 없던 진공 장비 업체를 대상으로 설계 주문과 제작을 하며 실험실 규모를 갖추는 동안은 서류 작업은 많았지만 상대적으로 육체적 활동량은 적었던지라 둘째 아이를 갖는 소중한 기회가 되었다. 지금은 세계의 디스플레이 시장을 선도하고 OLED의 상업화로 시장을 점령하고 있으니, 내 손에 쥔 스마트폰의 화면을 들여다보며 초석을 까는 돌계단을 내가 놓았다는 나만의 자긍심으로 '디스플레이 공학' 수업시간에는 급변하는 IT 산업에 대한 이야기를 해주고 있다.

대학으로 직장을 옮긴 후에도 빛을 전기로 만드는 태양전지와 전기를 빛으로 변환시키는 발광소자에 대한 연구를 계속하고 있다. 이처럼 화학공학 분야는 석유화학 산업부터 기능성 전자 재료 및 소자 산업까지 다양하며, 타 학문과 연계된 융합 학문의 성격이 커서 특히 엔지니어와 연구직으로의 기회가 넓은 학문 분야이다.

No Action No Change

요즘 내가 즐기는 문구는 'No Action No Change' 이다. 꿈이 있고 그 꿈이 간절한 사람에겐 바람 스치듯 지나가는 기회가 손끝에서도 느껴진다. 꿈을 가질 때 세부 목표가 생기고 전략을 세우게 되니 행동으로 이어질 것이고, 그렇게 움직일 때 비로소 결과로 이어진다는 것이다. 그렇지만 무엇이 되겠다는 것만으로는 누구나 쉽 없이 흔들릴 수밖에 없다. 특히 여성들은 취업, 결혼, 임신, 육아의 과정에서 남성들에 비해 고비 고비 부딪치게 될 장애가 많다. 그러므로 '무엇이 되겠다' 보

    4 | 행동하지 않으면 변화도 없다

다도 '어떻게 살아야겠다'라는 나의 비전을 우선적으로 설정하는 일은 흔들리지 않을 자신을 위한 첫 단계이다. 인생의 고비를 의연하게 극복하기 위해서도 필요하지만, 예측 못할 미래에 어떤 곳에서 어떤 일을 하든지 스스로 행복의 의미를 알 수 있는 가장 큰 힘이 되기 때문이다.

꿈을 더 멋지게 이루어내려면 일에서나 사람에게서나 '성의 있는 사람'이 되라고 하고 싶다. 지금껏 걸어온 나의 여정을 돌아보면 마음으로 성심껏 대한 사람들 덕분에 이 자리까지 왔다는 생각을 하게 된다. 사람에 의해 자극받고 격려받는다. 심지어 싫은 상대도 나를 다시 돌아볼 교훈의 대상이지 않던가. 가장 감사하고 존중할 대상은 열심히 살아가는 나 자신, 그 다음이 지인들이다. 세상을 바꾸는 힘은 사람 속에서 피어난다고 믿고 있다.

대학에서는 매년 봄이면 신입생을 맞고 겨울이면 졸업생을 내보내는 일이 매년 반복된다. 나는 매년 반복되는 대학생들의 생활을 보고 살기에 캠퍼스의 달인일 수 있지만 학생들에게는 매 학기가 '처음 살아보는 학교 생활'이다. 매년 비슷한 고민과 시행착오를 보이고 있는 학생들이 멋지게 사회인으로 변신하는 노력의 과정을 보면서 지금 나의 선택이 학생들을 위한 것인가를 자문하곤 한다.

배가 고프듯 나의 먹은 마음도 다시 고파질 것이다. 꿈꾸던 마음은 흔들리기 마련이다. 이루고픈 꿈이 생기면 세 끼 숟가락을 들 때마다 내 자신의 마음에게도 한 술 건네는 것을 잊지 않길 바란다. '마음을 먹는다'라는 그 표현을 처음 만든 그분이 누굴까 참 궁금하다.

金 奇 垠

김 기 은 서경대학교 화학생명공학과 교수, 오스트리아 정부 과학산업정책 자문위원(RFTE), Gobitec Reaserch Network(GRN) 회장, 바이오경제포럼 이사, 국경없는 과학기술자회 이사로 활동하고 있다. 이메일: gkeun@skuniv.ac.kr, gkeun7@yahoo.co.kr

김 기 은

세계로 향하는
한국의
여성 엔지니어

여성 전문가를 자주 만나는 시대다

우리 사회는 이미 과학 기술 분야뿐만 아니라 정계 및 재계에서 여성 전문가를 자주 만나는 시대가 되었다. 경제의 발전과 함께 여성의 사회 참여율도 꾸준히 상승하고 있고, 여성계의 소리도 단순히 선거를 의식해서가 아니라, 진지하게 받아들이는 시대다. 최근 100년의 세월 동안 식민지 시대의 종결과 전쟁, 민주화를 겪으며 우리 선배들이 겪어온 세월을 돌이켜보면 우리는 분명히 축복받은 세대라 할 수 있다. 지난한 세월을 지내온 선배들에게 절로 감사와 칭송을 하게 된다. 우리 선배들이 윤택한 미래를 꿈꾸며 열심히 노력하고 꿈을 이룬 끝에 오늘날에 이르렀다. 만약 지금 현재를 살아가는 세대에게 같은 주문을 한다면, 그 단어와 의미는 허공에서 빠르게 사라져버릴 것이다.

우리는 끊임없이 변화하는 세계에서 '어떻게 같이 변화하여 선두에 설 수 있을 것인가'에 생각과 계획을 맞추어야 하는 시대에 살고 있다.

고비 사막에 태양열 발전소를 제안하는 솔루션을 하고 있다.

세계 속의 대한민국은 어디에 있는가? 경제 발전이 가장 중요한 화두가 되었던 때에는 교육을 통해 지식인을 양성하는 것이 미래를 향한 중요한 과제였다. 부모들은 자식 교육을 위해 희생을 마다하지 않으며 전력을 다했고, 그러한 노력은 우리에게 오늘날의 현실을 가져다주었다. 하지만 여러 가지 부작용을 낳았기에 지금 우리는 다시 미래를 걱정하고 있다.

과학 기술 분야에서 여성 전문가의 비율은 끊임없이 높아지고 있고, 여성 임원의 수도 지속해서 늘어가는 추세는 매우 다행스럽다. 그러나 이러한 현실을 면밀히 분석해보면, 여성 전문가를 양성하는 데 더 많은 노력과 정책이 필요하다는 것을 절감하게 된다. 과학 분야의 경우 특히 거의 대부분의 여성 인력이 생물 분야에 집중되어 있고, 최근에는 정보

　　　　4 ｜ 행동하지 않으면 변화도 없다

기술 분야에서 여성 인력의 수가 빠르게 증가했다. 그러나 공학과 관련된 분야에서는 아직도 여성 전문가를 찾기 어려운 실정이다.

　과거 발전 시대에서는 교육받은 여성의 비율이 낮았으므로, 여성이 할 수 있는 일이 제한적이었다. 하지만 제한적인 환경에서도 여성 인력은 매우 중요한 발전 요인이었을 것이 분명하다. 현재에는 교육받은 여성들의 사회 참여도가 빠르게 높아지고, 여성의 목소리가 커졌다. 어느덧 여성은 사회를 살아가며 여성이라는 성별 차이가 아니라 개인적인 차이로 사회적 위치가 달라지고 있다.

창의성이 해답이다

우리는 유능한 엔지니어가 필요한 시대를 살고 있다. 이에 따라 최근에는 창의성의 중요성과 필요성이 자주 거론되고 있다. 창의성은 교육되어 생기는 것이 아니다. 오히려 창의성이 풍부한 사람은 기존 교육에 반발하며 또 다른 창의성을 낳는다. 많은 생각과 사고, 자신과의 대화를 통해 본인이 진실로 원하는 것을 찾음으로써 누구에게나 내재되어 있는 창의성은 보존되고 표현될 수 있을 것이라 생각한다. 또한 동시에 학교 교육을 통해 현실을 배우고, 실력을 쌓는 노력도 필요하다. 깊은 사고를 통해 삶의 의미와 목적을 성찰하는 기회는 아무리 자주 가져도 지나치지 않다. 인생이라는 관점에서 본다면 조금은 수월하게 의문에 대한 답과 어려움에 대한 해결책을 얻을 수 있을 것이다.

젊은이는 우리의 미래다

젊은이는 우리 사회의 미래이며 희망이다. 사회는 다양한 요소로 구성되어 있고, 모든 요소의 역할은 없어서는 안 되는 중요한 의미가 있다. 젊은 시기를 이미 지내온 세대로 지금 현재의 젊은 세대에게 나는 무엇을 말해줄 수 있을까? 그리고 공학자이자 전문가로 사명을 가지고 일하고 있는 선배로서 어떤 이야기를 할 수 있을까? 나이가 들어갈수록 전문 분야가 아닌 삶과 인생에 대해 조언하는 일에는 더욱 신중하고 고심하게 됐다. 결국 고전으로 돌아가서 나 자신에게 늘 했던 말이 남게 되었다. 'Boys, be ambitious!' 대신에 'Boys & girls, be ambitious!'라는 문구가 떠오른다.

세상은 넓고 할 일은 많다고 하지 않았던가? 내가 경험하고 있는 세계는 매우 다양하고, 빠르게 변화하고 있다. 그리고 아무리 인터넷이 세계를 연결하고 자동 번역기가 사람 대신 일부 역할을 수행한다 해도, 실제 부딪히면서 경험하는 세계에서는 인터넷과 컴퓨터가 모든 도움을 줄 수 없다. 실제 살아가는 개인에게는 다르게 다가올 것이다. 젊은 시절에는 앞으로 어떤 직업인이 되는 꿈을 꾸기보다는 내가 좋아하는 일과 나를 찾는 일에 많은 생각을 하고, 지평을 넓혀가려는 노력과 끊임없는 시도를 하는 것도 매우 가치 있고 중요한 일일 것이다. 물론 이러한 일도 여러 가지 많은 일 중의 하나로 존중돼야 한다.

도전하는 자세는 살아 있는 동안 누구에게나 주어진 작은 권리이다. 무엇에 도전하든 작은 일이든 큰일이든 도전하면서 인생을 엮어나가는 일은 가치 있는 일이다. 다만 도전 정신과 함께 더욱 중요한 일은 인

4 | 행동하지 않으면 변화도 없다

격을 갖추어나가는 것이다. 실력을 배양하고 도전하는 자세를 갖추되 다른 사람을 위해 일할 수 있는 자세가 되어야 한다. 21세기 세계 속의 한국이 우뚝 서려면 다른 곳을 배려하고, 헌신하고자 하는 노력이 필요하다. 세계 속의 리더가 되려면 더욱 그러하다. 선배 세대들이 다른 나라의 도움을 받으면서 공부하고 배려 속에서 일할 수 있었다면, 지금의 젊은이들은 다른 나라들에 도움을 주는 일을 하는 리더가 될 것이다.

이 지 형 부산대학교 환경공학과를 졸업하고 동 대학원에서 석사와 박사 학위를 취득했다. 부산대학교 환경기술산업개발연구센터에서 연구원으로 근무하다 기술사 취득 후 부산의 엔지니어링 회사에 입사하여 수돗물 부식 방지를 위해 연구 개발을 수행하고 프로젝트 매니저로 건설 현장의 환경 영향 평가를 수행했다. 국토해양부심의위원, 부산시건설기술심의위원, 환경 분쟁 조정 전문가로 활동했으며, 부산대학교 대학원 출강 및 인제대학교 겸임 교수를 역임했다. 2011년 한국기술사의 날에 과학기술부 장관상을 수상했고 현재는 환경 기술사 사무소를 개설하여 (주)삼우에이엔씨 부산 지사를 운영하고 있다.

이 지 형

비전을 향해 흘린 땀은 정직하고 성실하게 답을 한다

학교 실험실에서 보낸 10년, 청춘을 오롯이 실험에 바치다

가을이다. 아침저녁으로 선선한 바람이 불어 쾌청하고 하늘은 높고 가을 들판도 제법 황금색으로 변해가고 있다. 태풍이 언제 지나갔냐는 듯 잠자리는 오늘도 화창한 가을날을 맘껏 즐기고 있다. 추수가 가까워질수록 벼들은 점점 무거워진 고개를 숙이고 과실은 알알이 단단히 영글어져간다. 가을은 항상 풍성한 결실과 평화로움을 우리에게 가져다준다. 해마다 가을걷이를 보면서 풍요로움과 기쁨을 누릴 수 있는 것은 땅의 성실함과 정직함, 그리고 농부가 흘린 땀방울 덕분이라는 것을 느낀다. 그래서 아직 부족하나마 이번에 이러한 글을 쓰는 기회에 내가 그동안 흘린 땀은 얼마나 되는지 열매와 결실은 얼마나 풍성할지 떨리는 맘으로 되돌아보고자 한다. 학부 2학년 때부터 대학 실험실에 들어갔다. 나는 부산대학교 환경공학과 3기였기 때문에 대학원생이 없었다. 1기 선배가 대학교 4학년인 학과 설립 초창기라 학부 때부터 교수님들의 프로젝트를 보조하면서 모르는 것이 있으면 직접 교수님들과 아주 가깝고 편하게 질문하며 의논할 수 있었다.

그때부터 선배, 동기 들과 한솥밥을 먹다시피 하며 부산 경남 주변의 강으로, 댐으로, 호수로 채수 작업을 떠났다. 여름철에는 아침 5시 반이나 6시에 학교에 집합해서 선배들과 2~3명이 한 팀이 되어 뱃놀이 삼아 채수 작업을 떠났다. 힘들다는 생각은 전혀 들지 않았고 오히려 재미있고 뿌듯했으며 신나기까지 했다. 합천댐 같은 곳은 모터보트, 낙동강 같은 곳은 통통배나 나룻배를 타고서 "낙동강 푸른 물에 노 젓는 뱃사공……"이라고 노래를 불러댔다. 강변에서 매운탕을 먹고 돌아와서 동기들이랑 밤늦게까지 수질을 분석하고는 했다. 실험실이 엘리베이터도 없는 5층 건물 맨 꼭대기 층에 위치한 까닭에 낑낑대며 계단으로 아이스박스를 올려야 했고, 여름에는 건물 열기로 숨 쉴 수 없을 만큼 더웠다. 요즘에 비하면 열악한 환경이었다. 그래도 그때 한 다양한 수질 분석으로 잔뼈가 굵어졌다는 것은 말할 것도 없고, 교수님과 선배들 가까이서 늘 배우다 보니 공부나 연구가 자연스럽게 몸에 배기까지 했다. 젊의 시절의 낭만적인 멋진 추억은 덤으로 남았다. 나는 비록 학부생이긴 했지만 학과 설립 초창기라 교수님들의 관심과 지도를 많이 받는 혜택을 누릴 수 있었다.

학년이 올라갈수록 공부가 재미있었고 어떤 과복이든지 강단에서 교수님께서 설명하시면 그 내용을 눈앞에 펼쳐 그림을 그리고 상상하며 연결했다. 그렇게 공부를 하니 전공과목은 물론이고 환경법학, 환경생태학 등 선택 과목으로 듣는 수업까지도 전부 유기적으로 내 눈 안에

학부 시절 경험 때문인지 지금도 프로젝트를 진행할 때면 함께 모여 의견을 나눈다.

서 살아서 움직이는 것 같았다.

어떤 한 실험이 주어지면 준비부터 결과 도출까지 계획하고, 실험하고, 실험 결과를 정리하고, 보고하는 일련의 과정을 통해 실험을 잘 수행할 수 있게 훈련되었다. 그때 익힌 것들이 지금 회사에서 각종 프로젝트를 수행할 때 크게 겁먹지 않고 이끌어갈 수 있는 큰 자양분이 된 것 같아 감사하게 생각한다. 사실 가정 형편은 대학원에 진학할 형편이 아니었지만 공부가 재미있어서 가족들을 설득하여 대학원에 진학했다. 대학원에 진학하니 또 뭔가 미진한 것 같아 공부를 계속하고 싶어 석사 과정을 마치면서 결혼을 하고 바로 박사 과정으로 진학하여 남편이 주는 장학금을 받으며 공부를 계속하게 되었다.

학부 과정부터 박사 학위를 마칠 때까지 꽃다운 청춘의 10년을 학교 실험실에서 다 보냈다. 요즘으로 보면 조금 빠른 나이에 아이를 낳아 기르면서 풀타임 박사 과정을 다니며 출강까지 하다 보니 사실 이런저런 어려움이 많았다. 아예 친정에 얹혀살면서 친정어머니의 절대적 도움으로 학업을 하고 있었지만 아이가 밤에 칭얼댈 때는 등에 업고 다음 날 세미나에 필요한 논문을 보며 문서 작업을 하고는 했다.

한번은 수업에 가야 하는데 친정어머니께서 몸이 너무 안 좋으셔서 아이를 데리고 실험실에 와서는 대학원생에게 몇 시간만 같이 놀아달라고 부탁하고 수업을 받으러 가기도 했다. 강의를 다 마치고 논문 실험을 할 때는 아이에게 내 옆에서 플라스틱 실험 초자류를 갖고 놀게 하기도 하고, 실험을 마치면 학교 한적한 곳에서 롤러블레이드를 한 바퀴 태우고는 집으로 되돌아오기도 했다. 순간순간의 어려움은 당연히 있었다. 매일 가족의 희생이 필요했다. 가족과 주위 사람들의 도움을 늘 많이 받아 학업과 육아를 같이할 수 있었다. 내가 지금 이 자리에 있을 수 있게 도와주신 분들께 항상 감사한 마음으로 살고 있다.

내가 박사 과정에서 한 연구는 고도 정수 처리와 수도관로의 수질이었다. 산업이 점점 복잡해지면서 수중의 오염물은 기존의 침전, 응집, 모래 여과와 같은 재래석인 성수 처리 공정으로 처리하기에는 한계가 많았다. 올해 4대강을 중심으로 난리가 났던 일명 '녹차라떼'라고 하는 녹조류의 문제도 고도 정수 처리로 가능하며, 정수장에서 깨끗하게 정수된 물이라 하더라도 상수도 관망에 따라 수질이 달라진다. 소독력이 약할 때는 관로 내에서 미생물이 재성장할 수도 있고 관로의 부식으로 녹물이나 중금속이 포함될 수도 있고 소독 후 부산물이 관로 내에서 생성될 수도 있기 때문에 시민의 건강에 영향을 주는 중요한 분야라는 자부심이 있었다.

그렇게 박사 과정을 마치고 학위를 받았을 때가 1997년이었다. 학위를 받자마자 북풍한설과 같은 IMF가 불어닥쳤다. 거리에는 실직자가 넘치고 각 기업체의 정리 해고 영순위는 바로 연구소 연구원들이었다. 이제 학교에서 사회로 막 나오려고 했던 나는 박사 학위자 공고가 나는 곳마다 서류 봉투를 들고 접수하러 여기저기 뛰어다녔지만 매번 실패했다. 한 번도 직장을 가져보지도 못한 채 실직자가 되어버렸다. 남편도 회사에서 스트레스를 많이 받았는지 늘 예민하고 날카로웠다. 박사 학위를 받고 취업도 못하고 있는 나 자신이 무능력하게도 느껴지고 자존심도 많이 상했다.

그러나 캄캄한 터널에도 빛줄기가 비취듯 감사하게도 박사 과정에 들어가면서부터 시작했던 대학 출강은 끊이지 않고 계속 들어왔다. 은퇴하시는 지도 교수님께서 강의하시던 과목을 대신해서 맡기도 했고, 안식년에 들어가시는 교수님을 대신하기도 했다. 강의했던 과목도 다양했다. 환경과 인간이라는 교양 과목부터 일반화학, 기기분석, 이화학적 하폐수 처리, 생물학적 하폐수 처리, 수질 관리, 상하수도공학 특론, 환경공학 특론 등 그야말로 주어지는 대로 다 맡았다. 출강을 나가는 학교도 여자 전문대학부터 4년제 대학교, 본교 학부 과정, 본교 대학원까지 다양했다.

이따금 박사 학위까지 받았는데 이게 뭐 하는 건가 싶기도 했다. 한 달 강의료는 참고 도서 몇 권을 사고, 교통비와 용돈으로 쓰고 나면 남는 게 없었다. 다음 학기를 걱정해야 하는 비정규직 강사, 그게 내 직업이었다. 뜻을 세워 공부를 하고 열심히 학위를 마치고 나면 내가 목표로 한 직업을 가질 수 있을 줄 알았는데 IMF와 함께 문이 닫혀버렸다.

겉으로는 항상 웃지만 내 미래는 불안했고 우울했다. 나는 정말 열심히 살았고 성실했다고 생각하는데 이렇게 그냥 집에서 아이만 키우고 주저앉아 주부가 되어야 하는지 고민이 밀려왔다. 자존심도 철저히 내려놓아야 했다. 그러면서도 미련스럽게 내 서재 책상 앞 벽지에 박사 과정 때 연구하던 부산시 지도 위에 그린 상수 관계 통도를 붙여놓고 있었다. 취수장에서 정수장까지, 정수장에서 양수장까지, 양수장에서 관말까지 주요 관로의 관경, 관로 재질을 기입하여 대충 그린 것이었는데 그 지도를 보면서 수시로 기도했다. 다시 저곳들을 다니면서 수돗물 수질을 연구할 기회가 왔으면 좋겠다고.

학위를 받은 지 2년이 되던 해 박사 논문을 심사하신 박태주 교수님께서 연구 실적을 계속 이으라고 연구원으로 위촉해주셔서 2년간 생물학적 하수 고도 처리 연구를 하게 되었다. 박사 과정에서는 깨끗한 정수와 수돗물 수질을 연구하다 보니 하수 처리 부분에 다소 감각이 부족한 것이 사실이었다.

이때 2년간 박사후연구원을 하면서 하수 고도 처리에 대해 대학원생들과 연구 프로젝트를 수행했다. 내 부족한 부분을 조금이나마 메울 수 있었고 교수님에게 프로젝트의 시간 관리, 인력 관리, 실적 관리, 다음

34세의 나이에 기술사에 도전하여 한 번에 통과했다(제42회한일기술사심포지엄).

사업 계획과 같은 일에 대한 부분을 어깨너머로 많이 배워서 참 감사하게 생각한다. 그러던 차에 남편이 기술사 시험을 쳐볼 것을 권해서 기술사가 뭔지도 모르는 채 공부를 시작했다. 기술사 준비 기간은 하루에 다섯 시간씩 7주였다. 34세 젊은 여성이라 기술사 면접에서 떨어질 수 있다고 생각했는데 한 번에 통과해서 합격했다. 면접 후에 알게 된 것이지만 고득점 수석이었다고 한다.

초등학교에 다니는 딸이 학교에 다녀오는 몇 시간 동안 집중해서 공부한 것이 전부였는데, 그렇게 짧은 기간 안에 기술사에 합격할 수 있었던 것은 IMF 박사로서 일이 잘 풀리지 않는 기간이 있었기 때문이라고 생각했다. 시간 강사로 다양한 과목을 강의하면서 머릿속에 강의 노트와 참고 도서들이 체계화되어 축적되어 있었고, 석·박사 과정에서 정수 전공을 한 것도 많은 도움이 되었다. 또 하폐수 연구실에서 한 달에 급여 100만 원을 받으며 과학 재단 연구원으로서 인내하면서 연단된 내공이 쌓여 한꺼번에 표출된 것이라 생각한다.

이 일로 내게 주어진 모든 시간이 헛된 시간이 아니었고, 결코 내가 안 풀린 인생을 살아온 것이 아니었다는 사실을 깨달았다. 훈련의 세월이 버릴 것 하나 없이 내게 얼마나 귀하게 실력으로 쌓여 있었는지 알게 됐다. 고난 속에 있었던 당시에는 힘든 시간이 축복임을 몰랐다. 그러나 힘든 시기를 겪으면 오히려 단단해지고 성숙해질 수 있다는 것은 절대 불변의 진리가 아닌가 싶다.

세상에 공짜가 없다는 말이 있듯이 우리가 겪는 시간은 버릴 것이 없는 것 같다. 퍼즐 맞추기를 할 때 한 조각 한 조각을 퍼즐 판에 끼워 갈 때는 모르지만 서서히 작품이 되어가는 것처럼. 땀은 정직하고 그 결과는 성실하게 우리에게 답을 한다.

회사에서 상수관망 부식을 연구하다

기술사를 취득한 후 회사에 취업했는데 그때 처음으로 다녔던 회사는 엔지니어링 회사로서 그때까지 회사에 여성 부서장도 없었고 여직원의 위상과 인식이 좋은 편이 아니었다. 나보다 먼저 입사한 부서 여직원은 회사 전체에서 막내였던 관계로 커피를 타고 복사하고 심부름하는 수준의 일을 하고 있었다. 그 여직원이 내게 조용히 여자 부서장이 온다는 말에 매우 기대했다며 업무 내용 때문에 회사를 그만둘까 고민하는 중이라고 이야기했다. 나는 여직원에게 조금만 기다리라고 하고 우선 남자 직원들이 오가며 툭툭 심부름을 시키지 못하게 책상 위치부터 안쪽으로 옮기게 했다. 부서장 회의에서 건의하여 여직원의 호칭을 바꾸었고, 커피 타는 것과 심부름을 시키는 것을 근절했다. 외근을 나갈 때는 과제를 주고 환경 본연의 업무를 할 수 있도록 분위기를 바꿔나가기 시작했다.

부서장으로서 부서의 위상을 세워나가야 할 필요도 있었다. 그때까지 그 회사에서는 단순 관리직이든 기술부서 여직원이든 결혼하거나 임신하면 권고사직을 해서 물러나게 했다. 여직원에 대한 인식과 위상이 낮은 회사에 그동안 박사 학위에 기술사를 소지한 여성은 없었다. 회사 사람들은 기혼 여성이니까 뭐 그리 열심히 일하겠느냐는 편견도 어느 정도 있었던 것 같았다.

입사한 지 3개월 만에 환경부에서 공모하는 차세대 핵심 환경 기술 개발 연구 과제에 연구 계획서를 제출해서 3년간의 연구 과제를 따냈다. 지금껏 회사에서는 기술 개발이나 연구를 해본 적이 없었는데 부산의 중소기업이 당당히 주관 기관이 되어 3년에 15억이라는 큰 연구비를 받아(그 당시 공모받은 연구 과제 중 연구비 순위 3위에 해당했다) 연구를 지속하게 된 것이다. 실력으로 여직원에 대한 인식 전환과 위상 수립, 부서 위상 수립, 더 나아가 회사 인지도를 높이는 것까지 여러 가지 문제를 한꺼번에 해결해버렸다. 회사로서도 국가 연구 과제로서 기술 개발을 하고 있음을 매우 자랑스럽게 생각하게 되었다.

연구 과제 내용은 바로 시련을 겪던 시절 내 방 서재 책상 앞에 붙여놓고 기도했던 수도관망에서 관로 내 수질의 연구에 관한 것이었다. 대학교의 교수도 아니고 연구 기관의 연구원도 아니지만 연구 과제의 내용이 좋았고 꼭 필요한 연구 분야이기 때문에 채택된 것 같다. 소망을 다시 이룰 기회가 온 것이다. 3년간 연구를 하면서 국내 학회 발표와 국제 학회 발표, 국제 세미나를 개최하고 여러 건의 특허와 신기술을 도출하면서 계획서 내용대로 성공적으로 수행을 완료했다.

나누는 삶, 내 인생의 비전

"공부해서 남 주나?"라는 말들을 참 많이 한다. 내게는 이상하리만큼 내 밑에 배속되거나 같이 일해야 하는 친구들이 번번이 학습 능력이 많이 떨어졌다.

박사후연구원 때 연구를 같이하고 실험을 봐줘야 하는 내 밑의 석사생은 타 대학 출신으로 부산대학교 대학원에 꼴찌로 합격한 여학생이었다. 학부 때 원서로 공부하지 않아서 영어 논문 한 편을 읽어내는 데 거의 한 달 가까이 걸리고 전공 기초 용어조차 영어로 모르는 여학생이었다. 어쨌든 주어진 기간에 내가 맡은 사람들과 실험을 수행해서 결과를 도출해내야 하는 임무가 있으니 이 여학생을 저녁 먹은 후에 조용히 불러놓고 한 시간 이상 따로 논문 세미나를 하며 전공에 대해 가르쳐주기 시작했다. 이 친구는 느리지만 잘 따라왔고 행여 실험을 하다가 실수라도 하면 밤을 새워서라도 또다시 실험해놓았다. 결국 석사 논문을 영어로 작성하고 졸업했다. 요즘은 연락이 좀 뜸하지만 결혼하고 임신하여 첫째 아이가 돌이 될 때까지 계속 연락을 주고받는 언니 동생 사이가 되었다. 이 외에도 회사에서 보고서를 쓸 때 하도 문장이 이상하고 문법을 많이 틀리는 직원이 있어서 1년 이상 보고서 쓰는 법을 가르치고 훈련하기도 했다.

똑똑하고 능력이 좋은 사람들과 일하며 좋은 성과를 내고 싶은데 성과도 없이 늘 뒤치다꺼리 같은 기초적인 것부터 다듬어줘야 하는 경우가 많았다. 성과를 내기 위해서는 더 바쁘게 노력해야 했지만 뒤처진 학생, 후배, 직원이 성장할 수 있도록 내가 배운 것을 나누고 도우며 사는 것이 계속 요구돼왔다. 이러한 과정의 반복을 통해 거창한 것은 아니지만 '공부해서 남 주자'라는 뜻을 새기기 시작했다. 내가 가지고 있는 것을 나누며 필요한 사람에게 작은 도움이라도 주며 살라는 뜻으로 받아들였다. 겸임 교수로 대학원생들에게 강의할 때도, 설계 심의할 때도 환경 분쟁 현장에 전문가로 나가서 현장을 검토하고 피해 신청인의 의견을 들을 때도 항상 내가 배운 지식으로 환경과 사회에 도움이 되는 역할을 하고 싶다.

많은 사람의 도움을 받아 공부의 혜택을 받았으니 배운 것을 가지고 사회를 위해 나눠주고 기여하다가 일생을 마치고 싶다는 생각을 한다. 내가 전공한 분야는 환경공학 중에서도 수질이다. 지금은 수돗물을 위해 연구하거나 종사하는 것은 아니고 환경과 관련하여 다양한 업무를 하고 있지만 마음속으로는 수돗물의 수질을 위해 일할 기회가 다시 주어지면 좋겠다는 강한 바람이 있다. 내 인생의 남은 삶 동안 더 맑은 물, 더 좋은 물을 만들고 연구하고 내가 가진 달란트를 더 많이 나누며 살기를 기도한다. 이러한 비전을 가슴에 품고 오늘도 열심히 살고 있다. 풍요로운 내 가을날의 결실을 그린다.

최 선 영 서울대학교 식품영양학과에서 학사와 석사 학위를 받았다. 동 대학원에서 〈플라보노이드 유도체와 천연소재의 에스트로겐 활성 및 항산화능 평가〉로 박사 학위를 취득했다. 서울대학교 생활과학연구소 연수연구원, 국립원예특작과학원에서 박사후연구원 과정을 마친 후 현재 농업기술실용화재단에서 근무하고 있다.

최 선 영

유연한 생각을 갖고 세상을 넓게 보자

멈춰 서서 뒤돌아보다

'세상을 바꾸는 여성 엔지니어'의 집필진으로 원고 청탁을 받고 밤새 잠이 오지 않았다. 글솜씨도 부족하고 아직은 젊은 내가 이공계를 지원하는 여학생이나 여대생의 역할 모델이 되기는 이르다는 생각이 들어서 부담감이 생겼다. 하지만 내가 지나온 날들이 나와 같은 길을 걷게 될 후배들에게 반면교사로나마 보탬이 될 수 있지는 않을까 하는 마음으로 글을 쓰게 되었다.

아이를 가진 다른 직장 여성들도 그랬겠지만 박사 과정 중에 아이를 가진 뒤부터는 나를 돌아볼 틈도 없이 바쁘게 살아왔던 것 같다. 나에게도 크고 작은 여러 고비가 찾아왔고 힘들고 지칠 때도 많았지만 돌아보면 그 고비들을 그럭저럭 잘 넘겨왔다. 내가 노력한 부분도 있었지만 상당 부분은 주위에서 많이 도와주신 덕분이라고 생각한다. 요즘 가끔 후배들이 자신의 진로에 대한 고민을 털어놓는 경우가 있는데 내 경험을 토대로 같이 고민하며 해결책을 찾아보기도 한다. 이공계 출신이라는 공통분모를 가지고 있어서인지 남의 일 같지 않다는 생각이 들어 조금이나마 후배들에게 도움이 되었으면 하는 바람으로 나름대로는 최선을 다해 좋은 선택을 찾고자 노력한다.

내 인생의 새로운 출발점

초등학교 시절에는 남들의 눈에 잘 띄지 않는 평범한 학생으로 지냈다. 당시 나는 공부에 열중하기보다는 자유롭게 마음껏 뛰어놀았다. 딸이 모범생이 되기를 바라시던 부모님의 기대에는 아랑곳하지 않고 고민을 안겨드리기만 했다. 더 이상 놀 수 있는 한계치를 넘었는지 중학교 진학에 부담을 가졌는지 모르겠지만 초등학교 6학년이 되니 공부를 하고자 하는 열의가 생겨났고 그 결과 전체 수석으로 초등학교를 졸업하는 기쁨도 맛보았다. 선생님, 친구, 가족 모두 갑작스러운 나의 학구열에 놀라움을 감출 수 없어 했고 신기해하셨다.

그 후 같은 재단 소속으로 동일 울타리 안의 이웃 건물에 위치한 여자 중학교와 여자 고등학교에 다니게 된 탓인지 내게 학교생활은 단조로운 무채색의 느낌으로 기억된다. 내가 중·고등학교에 다니던 당시는 지금과 마찬가지로 입시 지옥이라는 말이 무색할 정도로 해야 할 공부량이 많았다. 나는 정답이 모호한 문과 과목보다는 정확하게 결과를 도출할 수 있는 수학과 화학 같은 이과 과목이 적성에 더 맞아서 다른 과목보다 높은 성적을 올릴 수 있었다. 그런 연유로 고등학교 1학년 때 자연스럽게 이과를 선택했다. 위대한 과학자인 마리 퀴리, 아인슈타인에 대한 위인전을 읽으며 과학자를 동경했던 어린 시절의 기억들도 내가 이과를 선택하게 된 또 하나의 동기가 되지 않았나 싶다.

　대학 진학을 앞둔 시기에 순수 자연과학은 소수의 천재를 위한 학문이라는 이야기를 종종 들은 탓인지 내게는 맞지 않는다는 생각이 들어 그보다는 좀 더 실용적인 학문을 전공하는 것이 좋을 것 같았다. 당시는 인터넷도 발달하지 않았던 시기여서 내가 선택하는 전공 학과에서는 무엇을 배우게 되고 그 전공을 공부하면 어떤 직업을 갖게 되는지 구체적인 정보가 턱없이 부족했다. 화학 과목을 좋아했고 식품에도 관심이 많았던 나는 응용 분야가 많은 식품영양학과를 선택했고 다행히 적성에 맞았다. 돌이켜보면 대학교와 학과를 선택했던 것이 내 인생의 새로운 출발선이자 중요한 갈림길이었고 그것으로 내 인생 항로의 큰 줄기가 결정되지 않았나 싶다.

소통의 중요성을 깨우치다

대학생 때는 누구나 그렇듯이 캠퍼스의 낭만을 만끽하면서 다양한 전공의 교양 강의를 들었고 전공 관련해서도 다양한 강의를 통해 학문의 기초를 다질 수 있었다. 40여 명의 우리 과 동기들은 여자가 대다수였고, 10퍼센트가량만이 남자였다. 영어로 된 두꺼운 전공 서적으로 어려운 전문 과목을 공부하려니 나름 힘들었고 빡빡하게 생활해야 했다. 그렇게 어려움을 함께 나누었던 동기들이 각자 원하던 길에서 멋지게 활동하는 모습을 보면 뿌듯한 마음이 들고, 지금은 그 동기들이 내게 많은 의지가 되고 있다.

대학원에 진학해서는 식품학 전공으로 석사와 박사 학위 취득이라는 큰 보람을 얻을 수 있었다. 박사 학위 과정 중에는 여러 대학교에서 전공 관련 시간 강사 생활을 하면서 가르치는 즐거움도 느낄 수 있었다. 대학원 과정을 거치고 연구소 생활을 하는 동안 조직 생활의 애로사항을 조금이나마 접할 수 있었다. 연구소를 다니면서 알게 된 박사님들과의 인연은 무엇과도 바꿀 수 없는 큰 재산이다. 연구소에 다니기 전까지는 개인적인 학술 연구만이 중요하다고 생각했고 국내외 학술지에 논문을 내는 것만이 전부라고 생각했다. 사회생활을 하는 동안 나는 여러 전문가와 함께 소통하며 연구를 할 때 더 큰 결실을 낼 수 있다는 것을 확인하게 되었다.

외국 문화를 경험하다

대학원 재학 중에는 외국에서 열리는 학회들에 참석하면서 새롭고 다양한 자극을 받는 소중한 경험을 할 수 있었다. 박사후연구원 과정을 밟는 동안 미국, 일본, 뉴질랜드, 필리핀, 방글라데시, 타이, 아프리카 각 지역에서 한국으로 연수를 받기 위해 온 외국인들과 같이 연구할 기회가 있었는데 한국인들과 근무할 때와는 또 다른 새로운 지식과 문화를 접할 수 있었다. 외국인들에게 간단한 한국어를 가르쳐주고 한국 음식의 우수성을 알리는 일은 그들과 함께하면서 덤으로 느낀 보람이었다.

남편의 유학 기간 중 미국 세인트루이스에서의 1년간 체류 경험은 미국인들의 생각과 생활 방식을 이해하고 국제적인 감각을 함양할 좋은 기회였다. 우리나라와는 사뭇 다른 미국의 언어, 교육, 문화를 체험하면

4 ｜ 행동하지 않으면 변화도 없다

공부하면 할수록, 연구소 동료들과 함께할수록 농식품 분야의 미래가 밝다는 생각을 하게 된다(연구소 동료들과 학회 참석).

서 무척이나 좁았던 사고의 폭도 넓힐 수 있었다. 외국 생활은 다양한 각도로 더욱 유연하게 세상을 바라볼 수 있는 시각을 갖게 해주었다.

농식품 분야의 미래는 밝다

아이가 있는 기혼 여성이고 외국 대학 박사 학위를 가지고 있지 않은 평범한 이력 때문인지 채용의 기회를 얻는 것이 좀처럼 쉽지 않았다. 국가에 도움이 되는 멋진 연구를 하고 싶다는 내 꿈은 점점 위축되어갔지만 다행스럽게도 어렵사리 직장을 구하게 되었다.

박사후연구원 과정 중 과일의 잔류 농약과 관련된 과제를 진행하면서 그 분야에 매력을 느끼기 시작했고 더욱 깊은 연구를 하고 싶던 차에 농업기술실용화재단에서 식품과 농산물에 잔류하는 농약을 분석하는 업무를 맡게 되었다. 공익적 차원에서 다른 연구소나 사기업에서는 기피하는 잔류 농약 성분을 분석하는 일이 주된 업무였다. 분석 과정이 까다롭고 시간도 오래 걸리며 유해한 화학 약품을 사용해야 하는 애로 사항이 있었지만 내가 처리한 분석 결과가 민원인들에게 생업과 관련하여 중요한 문제를 해결해주는 경우가 많아 큰 보람을 느끼고 있다.

농업기술실용화재단에 근무하면서는 대학원에서 기기 분석 조교를 담당할 때와 달리 실험 기자재가 많이 발전되어 더욱 정밀한 분석을 할 수 있는 것을 보며 기술의 발전에 새삼 놀랐다. 여기서 나는 식품학을 넘어서서 농식품 분야까지 연구를 확장할 소중한 기회를 갖게 되었고, 더불어 농식품 분야에서도 연구뿐만 아니라 정책과 사업 영역도 함께 볼 수 있는 시야를 갖게 되었다. 나는 박사후연구원 연수 과정부터 많은 과제에 참여했고 내가 다룰 수 있는 분야를 넓히려 부단히 노력해왔다. 새로운 변화를 시도하는 것이 쉽지는 않았지만 그러한 과정을 통해 조금씩 발전할 수 있었다고 생각한다. 요즘 나는 농산물 잔류 농약 분석 시 발생하는 유해한 폐용매를 획기적으로 줄이고 시간과 비용을 절감할 수 있는 환경 친화적 분석법 개발 연구에 몰두하고 있다.

어느 직장이나 꾸준히 자기 계발을 위해 노력하지 않는다면 조직에 부담이 되는 존재가 될 수 있다. 한편 여성의 경우 여성에 대한 사회적 편견으로 자신이 이룬 성취가 평가 절하되거나 남성보다 좋은 기회를 얻지 못하여 조직에서 도태되는 사례를 자주 보아왔다. 나는 연구자로서 국내외 정상 과학자들과 교류하고 농식품 분야에서 계속 연구 성과를 내는 과정을 통해 그러한 편견을 극복하기 위해서 많은 노력을 해왔다. 현재 근무하고 있는 직장에는 남성 직원이 많기는 하지만 여성의 비율이 25퍼센트가 넘어 다른 직장과 비교하면 여성이 많은 편이다. 직장 내 여성 비율이 높은 만큼 여성으로서 실력을 발휘할 기회가 상대적으로 많아 더 열심히 노력하게 되는 것 같다.

내가 전공한 식품 분야는 여러 산업 중에서도 가장 기초가 되는 분야이면서 가장 실용적인 분야 가운데 하나로 발전 가능성이 무한하다. 이 분야를 공부하면 할수록 넓은 폭과 깊이를 새삼 실감하게 된다. 그런 연유로 나는 내가 좋은 전공을 선택한 행운아라고 생각한다. 식품 분야는 현재 실용화할 수 있는 수많은 연구가 이미 이루어져 있고 거기에다 현실적으로 적용할 기반이 상당히 마련되어 있어 조만간 활짝 꽃이 필 단계에 와 있기 때문에 어느 분야보다도 잠재력이 높다고 자부한다.

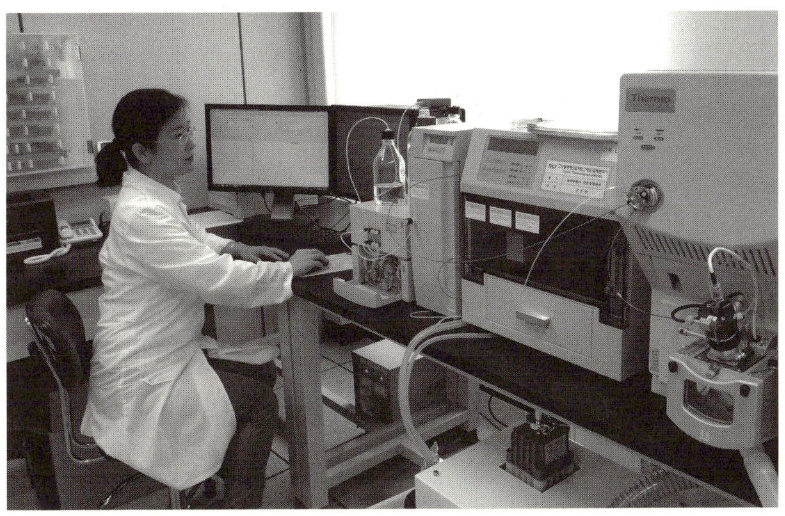

잔류 농약 분야에 매력을 느껴, 농업기술실용화재단에서 잔류 농약 분석 업무를 맡게 되었다.

후배들에게 당부하고 싶다

같은 길을 걸어간 선배로서 후배들에게 몇 가지 당부하고 싶다.

첫째, 자기가 진정으로 원하는 것이 무엇인지 진지하게 고민했으면
한다. 후배들이 어떤 직업을 가져야 할지에 대해 조언을 구할 때면 나
는 직업을 갖기 전에 먼저 자신이 어떤 일을 잘할 수 있고 그 일을 통해
행복을 느낄 수 있을지를 상상해보라고 한다. 그러한 고민 후에 택한
선택에는 후회가 많지 않을 것이다.

둘째, 직장 생활을 하는 동안 좋은 인간관계를 유지하는 데 많은 노
력을 했으면 한다. 직장 생활은 개인적으로는 자기 계발의 장이기도 하
지만 더불어 사는 세상과의 만남이기도 하다. 여러 사람과 함께 일하는
데 있어 가장 중요한 것 중 하나는 같이 근무하는 사람들 간의 신뢰와
존중이라고 생각한다. 동료들에 대한 신뢰와 존중이 부족하면 결코 좋
은 결과를 기대하기 어렵다. 사람들과의 소중한 만남은 업무 성과와 경
력 계발에 큰 영향을 미치고, 오랫동안 신뢰를 쌓은 인간관계는 어려운
순간에 빛을 발휘하여 기대 이상의 시너지 효과를 낼 수 있다.

셋째, 자신에게 맡겨진 모든 역할에 충실했으면 한다. 나는 엄마로
서, 아내로서, 직장인으로서 참 바쁘고 치열하게 살아왔다고 생각한
다. 어려운 상황이었지만 밤을 새워 실험하고, 결과 데이터를 얻고, 논
문을 발표해왔다. 시간이 많다고 해서 어떤 역할을 너 충실히 할 수 있
지는 않다는 것을 확인해나가는 과정이 아니었나 싶다. 여러 가지 일
을 동시에 해야 한다면 우선순위를 두어 일을 하고, 직장에서는 오로
지 내 업무만을 생각하면서 일해왔다. 내가 한 가지 역할이라도 소홀

4 | 행동하지 않으면 변화도 없다

히 해도 된다는 마음으로 생활했다면 어느 역할도 제대로 하지 못했을지도 모른다.

넷째, 10년 단위로 자신만의 인생 계획표를 작성해보는 것도 필요하다. 앞으로 10년 혹은 20년 후 내가 원하는 자리에 서 있기 위해서 필요한 인생 계획을 미리 세워본다면 좀 더 충실한 하루하루를 만들어갈 수 있지 않을까 생각한다. 지난날의 과오를 교훈 삼아서 말이다.

최근에 이공계 기피 현상이 심화되고 있는데 그 이유 중 하나는 미래가 불확실하고 사회적으로 낮은 처우를 받기 때문이 아닌가 싶다. 미래가 불확실하다는 것은 역설적이지만 그만큼 무한히 많은 가능성이 열려 있음을 반증하는 것이라고 생각한다. 이공계 분야를 전공하고자 하는 후배들에게 자신의 가능성을 깊이 있게 고민한 후 자기가 열정을 발휘할 수 있는 분야를 찾아 도전하라고 권하고 싶다. 그러면 누구에게도 뒤지지 않는 차별화된 경쟁력을 갖출 수 있고 더 많은 기회를 보장받을 수 있다는 것을 먼저 이 길을 걸어왔던 선배로서 조언해주고 싶다.

지금까지 다소 평범한 삶을 살았지만 나에게도 힘들고 지치는 시기가 있었다. 원하는 대로 일이 풀리지 않는 경우도 많았고 남들보다 뒤처져 산다는 느낌도 많이 받았다. 하지만 내가 좋아서 선택한 길에서 긍정적인 자세로 그런대로 열정을 잃지 않고 살아왔으므로 후회는 없다. 요즘은 앞으로 내가 할 수 있는 일이 무척이나 많다는 생각이 들어 그만큼 설렌다. 맡겨진 일을 묵묵히 하면서 내가 속해 있는 조직, 사회 더 나아가서 국가의 발전을 위해 최선을 다할 것을 다짐해본다.

이 희 일

경북대학교 사범대학 과학교육학과 지구과학 전공 학부를 졸업한 후, 서울대학교 해양학과 대학원에서 석사 학위를, 미국 루이지애나 주립대학교 지질학과에서 미시시피 삼각주 연구로 석사 학위를, 델라웨어 대학교에서 미국 동부 대서양 연안 및 델라웨어 만 연구로 박사 학위를 받았다. 지난 15년간 국가연구개발사업인 한중공동연구로 황해 퇴적물환경, 동북아해 퇴적물 기원, 관할해역 지체구조 및 해양지질조사 연구 등을 수행했다. 청와대 국가기술자문위원회 전문위원, 국가과학기술위원회 위원, 기획재정부 예산심의원으로 활동. 현재 한국해양과학기술원 해양정책연구소 소장으로 재직하고 있으며, '2011년 과학의 날' 과학기술훈장(진보장)을 받았다.

이 희 일

과학자의
꿈과 해양

멋진 바다를 평생 연구하다

사람들은 내게 자주 물어본다. 왜 해양을 전공으로 선택했느냐고. 그리고 왜 과학자의 길을 택했느냐고. 그만큼 여성이 바다를 선택하는 일이 우리 문화에 맞지 않다는 뜻이다. 예전부터 뱃사람들은 항해할 때 배에 여자를 태우지 않았다고 한다. 그러다 보니 우리나라에서 해양을 연구하는 여성에 대한 시선은 보수적일 수밖에 없다. 나는 이렇듯 큰 벽이 있는 분야에 도전하는 것을 좋아한다. 바다는 우리 생명의 기원지이며 경외심을 주는 곳이다.

사람들은 내 고향이 깊은 산중 팔공산이라는 것을 신기하게 생각한다. 깊은 산중에서 태어난 사람이 왜 바다를 연구하게 되었느냐는 질문을 받으면 뭐라고 답해야 하나 망설이게 된다. 우리는 산속에서 태어났든 들판에서 태어났든 바닷가에서 태어났든 어머니 배 속 양수 속에서 열 달을 산다. 바다에 대한 동경심은 우리 인류 마음속 깊이 뿌리내려 있다고 본다. 그래서 해양을 연구 지역으로 선택한 것을 늘 자랑스럽게 생각한다.

멋진 바다를 평생 연구할 수 있다는 것은 정말 행운이다. 솔직히 고 등학교를 졸업하고 1975년 경북대학교 사범대학 과학교육학과 지구과 학 전공에 입학했을 때, 해양을 미래에 전공으로 선택하리라고 생각한 것은 아니었다. 과학교육학과는 커리큘럼이 폭넓다. 물리, 화학, 생물, 지구과학 분야의 수업을 듣고 교육을 받는다는 장점이 있다. 그중 지구 과학 전공은 지질, 대기, 천문, 해양을 아우르는 분야다. 학부에서 이렇 게 폭넓은 과학 기술 관련 과목들을 이수하고 훈련한 것은 행운이었다. 특히 지구과학의 매력에 빠져 학부 내내 즐겁게 수업을 들으면서 지식 을 쌓을 수 있었다. 그리고 사범대학이므로 심리학을 포함해 교육에 대 한 과목도 많이 이수하고 훈련받았다. 과학과 심리학, 교육학을 함께 공부하여 융합과 통섭이 화두인 이 시대를 예비할 수 있었기에 나는 무 척 운이 좋았다고 생각한다.

과학자의 꿈을 키워준 아버지의 남다른 교육관

지금 내가 이 자리에 서게 된 것은 아버지의 사랑과 힘이라고 감히 말 할 수 있다. 요사이 부성의 힘에 관한 텔레비전 프로그램이 많이 나온 다. 아비지는 어머니와 달리 도전을 허락한다고 한나. 여사아이든 남자 아이든 자유롭게 사고하고 실수마저도 격려하는 성향은 아버지에게서 더 잘 발견된다. 어머니는 감싸고 보호하려는 성향이 강하다. 그런 점 에서 나는 아버지의 자애를 듬뿍 받은 사람이다.

과학과 해양에 관한 관심은 어린 시절부터 시작됐다. 초등학교 교사셨던 아버지는 자식들의 교육에 무척 정성을 들이셨다. 내가 경북 고령에 있는 고령초등학교에 입학한 것은 아버지께서 그 학교의 교사였기 때문이었다. 고령초등학교는 산과 들에 둘러싸인 아담한 시골 학교였다. 나는 아주 어릴 때부터 학교 관사에서 자라며 남동생과 개울가에서 물놀이를 하고 아카시아꽃을 따 먹기 위해 학교 뒤 하천을 넘어 산에 오르며 마음껏 뛰놀았다. 내가 초등학교 입학하고 얼마 되지 않아서 아버지께서 가까운 도시로 발령을 받아 직장을 옮기셨고, 우리 가족은 아버지를 뒤따라 이사했다. 자연스럽게 대봉초등학교로 전학해서 그곳에서 졸업했다. 초등학교 시절, 아버지께서는 내게 그림일기를 매일 그리고 쓰도록 하셨다. 한번은 현미경을 가져오셔서 양파 껍질의 세포 구조를 보게 하신 적도 있다. 자연 교과서에 나오는 전형적인 양파 세포 구조를 보았는데 당시에는 무척이나 신기했다. 핵 구조까지 자세히 설명하시며 양파 껍질 세포 구조를 보여주시던 아버지의 상기된 얼굴과 목소리를 뚜렷하게 기억한다.

그리고 방학 때면 고향인 달성군 속골산을 누비면서 식물 채집을 도와주셨다. 아버지와 나 단둘이서 깊은 산을 다니면서 맞춤형 과학 훈련을 한 것이다. 그때 아버지의 꿈은 무엇이었을까 궁금하다. 아버지로서 최선을 다하신 것이리라. 자신이 가진 지식과 자산을 자식에게 모두 물려주고 싶은 마음, 그 깊은 부성애로 나는 자유롭고 행복한 어린 시절을 보낼 수 있었다. 어머니는 먹이고 입히고 재우는 데 공을 들이셨다. 남편과 네 명의 자식 뒷바라지로 바쁘셨다. 하루 세끼를 챙기고 도시락을 싸고 옷도 손수 만들어 입히신 어머니의 사랑에 감사드린다.

아버지는 나와 식물 채집을 하기 위해 산과 들을 다니며 꽃과 풀을 관찰할 때 늘 식물도감을 들고 다니셨다. 아버지가 들고 다니시던 식물도감은 세밀화가 있는 컬러 도감이었다. 무척 비쌌던 것으로 알고 있는데, 아버지는 박봉의 월급에도 과감하게 구매하셨다. 내가 산나리를 채집할 때면 아버지는 스케치북에 충분하게 놓을 수 있도록 아주 작은 산나리를 고르게 하셨고, 뿌리까지 조심스럽게 모두 캐서 식물 전체를 관찰하고 기록하도록 하셨다. 산에서 돌아와서는 채집한 식물을 잡지 속에 잘 놓이도록 해서 디딤돌로 눌러서 마르도록 했다. 그리고 스케치북 오른쪽 아래에 도면을 그려서, 식물명, 채집일, 채집자, 채집 장소를 적도록 하셨다. 지금 뒤돌아보면 그때 했던 기록은 과학자가 현장이나 실험실에서 하는 가장 기초적인 관찰 방법이었다.

아버지와 함께 산과 들을 다니면서 식물 채집을 하던 시절을 떠올리면 지금도 가슴 안에 따뜻한 물결이 흐른다. 부모의 사랑으로 배우는 이런 훈련 방법은 아이들에게 지식을 스펀지처럼 흡입할 수 있게 한다. 아버지는 자식에게 일찍부터 과학적인 사고를 훈련시키고 싶으셨던 것이다. 내가 초등학교 6학년 때, 아버지는 초등학교 교직을 그만두셨다. 몇 가지 얘기를 다른 사람을 통해 들었지만 아버지는 자식에게 아무런 말씀을 하지 않으셨다. 공정하지 못한 승진 등 교직 시스템에 대한 회의가 그 원인이라고 들었다. 내가 초등학교 고학년 때 아버지는 과학 경연 대회에 학생들을 출전시키면서 아이디어 내는 것과 실험을 함께 준비해주는 지도 교사였다. 호박꽃 관찰이 주제였는데 아버지가

지도한 학생이 전국 과학 경연 대회에서 최우수상을 받았다. 아버지는 이처럼 과학에 특별히 더 관심을 두셨다. 내가 초등학교 6학년 때, 아버지는 1년간 매일 저녁마다 나를 붙잡고 직접 중학교 입학시험을 준비시키셨다. 지금 뒤돌아보아도 결코 쉬운 일이 아니었다. 당시에는 중학교도 시험을 통해 학생을 선발했기에 좋은 중학교에 가야 좋은 친구들과 함께 경쟁할 수 있어 나중에 고등학교도 대학교도 잘 갈 수 있다고 생각하셨던 것 같다.

아버지와 교육철학자 존 듀이

아버지는 내게 생각을 표현할 때도 과학적이고 논리적이게 하도록 하셨다. 미국 교육철학자 존 듀이의 영향을 받으셨던 것이다. 아버지가 존 듀이를 언급하신 것은 내가 초등학교 3학년 때였다. 교사 연수를 갔다 오신 후, 식사 중에 오랫동안 존 듀이에 관해 설명하셨는데 매우 상기되고 고조된 분위기로 말씀하셨다. 아버지의 교육철학에 존 듀이의 영향이 컸다는 것은 나로서는 감동스러운 일이다. 존 듀이의 사상을 내가 다시 듣게 된 것은 대학교에 와서 교육학 수업을 들으면서다. 어린 시절 아버지에게 들은 이름이 다시 교육학 수업에서 언급될 때 놀라운 마음을 금할 수 없었다. 아버지와 존 듀이를 연결하는 것은 쉽지 않지만 아버지에게 중요한 영향을 끼친 분임에는 틀림이 없다. 아버지가 나를 훈련하고 사고하도록 도와주신 부분에 존 듀이의 교육철학 일부가 숨어 있을 수 있다는 생각이 드니 매우 신기했다.

존 듀이를 아는 분들도 있겠지만 지면을 빌려 소개하고자 한다. 존 듀이는 실용주의 철학을 대표하는 사상가이자 철학자, 교육자로 1859년에 태어나 20세기 중반인 1952년 세상을 떠났다. 15세의 어린 나이에 고등학교를 졸업하고 대학에 입학한 천재로서 대학교에서 다방면에 걸쳐 교육을 받았다. 그는 헤겔과 다윈의 진화론과 윌리엄 제임스의 심리학의 영향을 받았다. 많은 저서를 남겼는데, 특히 《민주주의와 교육》, 《경험과 교육》 같은 저서는 1970년대 이전 미국뿐만 아니라 우리나라, 중국을 포함한 아시아와 중남미에 큰 영향을 끼쳤다. 그의 실용주의 철학을 잘 표현하는 저서로는 《철학의 재구성》, 《인간성과 행위》, 《경험과 자연》 등이 있다. 존 듀이는 인간은 경험을 통해, 다른 사람과 협력을 통해 배운다고 했으며 몸과 마음이 관련 있다고 보았다. 자아는 만들어져 있는 것이 아니라 행동 하나하나의 선택을 통해 지속해서 만들어져나가는 것이라고 바라보았다. 특히 유아 교육에 관심을 많이 두었고 유아 교육이 미래의 새로운 가치 창조에 초점을 맞춘다고 했다. 실패조차도 교육의 일종으로 바라보고 사고할 줄 아는 인간은 성공과 실패 모두에서 많은 것을 배우고 발전한다고 했다.

공부가 가장 큰 경쟁력이다

초등학교 졸업 후 6년간 중·고등학교에서 과학에 대해 받은 교육은 매우 취약했다. 과학을 가르친 선생님들이 잘못 가르치신 것이 아니라, 실험할 수 있는 환경이 아니었다. 나는 그럼에도 과학에 대한 지식을 습득하고 배워나갔다.

　과학자가 되기 위한 가장 기초적인 고등 교육은 대학에서 이루어진

　　　　　　　　　　　　　　4 | 행동하지 않으면 변화도 없다

'2011년 과학의 날' 과학기술훈장(진보장)을 받았다.

다. 대학교에서 과학과 관련된 많은 과목을 습득했다. 대학교 1학년부터 현장 답사를 다니는 기회가 있었고, 가장 근접한 방법으로 지형이나 지질 조사를 하게 되었다. 대학교 3학년 때는 지질학을 전공하시는 교수님 연구실에 무급 연구원으로 들어가게 되었다. 사범대학은 자연대학과 달리 교육대학원에 다니는 현직 교사들이 많아서 연구실이나 실험실에 대학원생들이 상주하지 않았다. 따라서 학부 3학년이나 4학년 중 연구에 관심이 있는 학생들이 교수님과 인터뷰를 통해 선정되어 교수님 연구나 실험을 도와드리면서 배웠다. 당시 고생물학을 전공하신 지도 교수님께서 주말에 실험실 친구 몇 명을 데리고 지질 조사를 나가셨다.

우리는 컴퍼스와 지도, 야장을 지니고 열심히 노두 관찰을 기록했다. 컴퍼스로 위도와 경도, 노두의 경사 기울기 등을 지도에 기록했다. 그때 지도와 지질도를 자세히 보는 법을 현장에서 터득했다. 학문의 길로 가고 싶었지만 무슨 전공을 해야 할지 쉽게 결정할 수 없었다. 대학교 4학년에 들어서면서 육상지질학도 재미있는 연구이지만 바다에 접목하는 해양지질학을 공부하고 싶다는 마음이 굳어졌다. 그런데 해양학과는 그렇게 많지 않았다. 일단 서울대학교 해양학과에 가서 배워보기로 하고 1979년 봄 서울대학교 대학원에 진학했다. 서울대학교 대학원에서 보낸 2년 반은 새로운 경험을 많이 하고 다양한 연구 방법을 체득한 시간이었다. 석사 논문 주제로 제주 해협과 광양만, 득량만의 개형류와 유공충을 연구하면서 해저 환경에 대한 관심이 커졌다. 박사 학위에 입학했지만 새로운 세계에서 폭넓은 연구를 하고 싶다는 마음으로 1981년 여름 미국으로 유학을 떠났다. 미국 유학을 떠나기 1년 전, 학부에서 만나 함께 연구의 길을 논의하던 남편과 결혼했다. 남편과 함께였기에 먼 타국으로의 유학길을 조금 덜 외로운 마음으로 떠날 수 있었다.

유학 시절, 내 삶의 한 그루터기

만 23세에 떠난 유학길은 내게 새로운 학문의 세계를 열어주는 기회가 되었다. 언어 장벽, 전공 지식의 습득 등 뛰어넘어야 할 어려움이 많았다. 그러나 한 학기 한 학기 꿋꿋하게 밀고 나갔고, 열심히 노력한 시간만큼 실력을 쌓을 수 있었다. 석사를 새로 하고 싶은 마음에 루이지애나 주립대학교에 들어가서 미시시피 삼각주 연안 침식과 습지 환경에

   4 ｜ 행동하지 않으면 변화도 없다

대한 연구를 했고, 독특한 미국 남부 습지 환경의 아름다움에 빠지기도 했다. 수업 과정으로 뉴멕시코 주에 있는 중생대 석회암에 관한 현장 조사를 할 때는 방울뱀을 만나서 놀라기도 했다. 하지만 높은 산에 올라갈 때는 가장 씩씩했다. 지질학과의 특성상 수업 과목에서 현장 조사를 해야 할 일이 많아서 미네소타 주 등지에도 조사를 나가는 등 미국 전국에 현장 조사를 나가야 했다. 많은 것을 눈으로 보고 배울 수 있는 시간이었다.

루이지애나 주립대학교 시절, 아들이 태어났다. 석사 학위를 받기 전이어서 어려움이 많았던 것이 사실이다. 일과 가정 사이의 적절한 균형은 지금도 일하는 여성들에게는 어려운 주제이고 앞으로도 풀어야 하는 주제다. 당시 건강이 좋지 못해 100일 된 아들을 우리나라로 보내야 했고, 아들은 엄마 없이 만 네 살까지 외할머니와 할머니 품에서 자라게 되었다. 그때 아들을 돌보지 못해서 가족에게 늘 미안하고 고마웠다. 당시 가족의 도움이 없었다면 석사와 박사 학위를 받지 못했을 것이다. 부모님과 시부모님의 후원과 적극적인 도움으로 지금까지 올 수 있었다. 정말 감사드린다.

박사 학위 공부를 할 때는 석 달 이상 매일 델라웨어 만을 따라 현장 조사가 이어져 많은 경험을 쌓을 수 있었다. 특히 델라웨어 대학교에서는 많은 석·박사 학생들이 포진한 과에서 단 한 명에게 주어지는 팔로우십followship을 받아 외국인으로서 매우 영예로웠다.

연구가 나에게 새로운 길을 열어주었다

귀국한 후, 1년 반 동안 시간 강사를 하며 여러 과목을 가르쳤다. 대학 현장에서 강의를 통해 학생들과 호흡하고 지식을 전달하는 것은 멋진 일이었다. 그렇지만 우리나라 시간 강사에게는 연구할 공간이나 여유가 주어지지 않았다. 따라서 연구할 수 있는 곳으로 가고자 했고 한국해양연구원에 과학재단이 제공하는 브레인풀제도로 연구를 시작했다. 그리고 그것이 연구원에 지금까지 뿌리를 내리게 하는 계기가 되었다.

연수 연구원 시절을 보낸 후, 발령을 받아 서해안과 동해안 등으로 연구하러 다닐 기회가 많았다. 발령 난 해, 국가 연구 개발 신규 사업을 따게 되었는데, 그 사업은 한중 공동 연구 사업의 일환이 되어서 좋은 기회로 열심히 일할 수 있는 발판이 되었다. 중국과 공동 연구는 국제 공동 연구의 좋은 계기가 되어 지난 15년간 서해와 동중국해의 한중 공동 연구가 꾸준히 이루어져왔다. 중국 측 연구 파트너는 칭다오에 있는 중국국가해양국 산하 제1해양연구소의 해양지질학자였다.

이후 나는 해양지질 분야의 해양지질연구단장을 맡기도 하고 해양환경보전연구부 부장직도 맡게 되었다. 학회나 여성과학기술인단체의 활동을 통해 더 많은 경험을 하게 된 것은 내게 커다란 자산이 되었다. 정부 부처에서도 예산심의위원회, 국가과학기술위원회, 청와대국가과학기술위원회 등 좋은 경험을 쌓을 수 있었다. 남성 중심성이 강한 학회에서도 성과가 있었다. 한국해양학회에서 여성 최초로 부회장을 맡게 되었고, 한국여성해양포럼도 2009년 창립했으며, 한국해양연구원 연구발전위원회 회장직을 맡게 되었다.

올해 2012년 7월 1일부터 한국해양연구원이 40년의 역사를 접고 한국 해양과학기술원이라는 이름으로 새로 설립되었다. 그 산하에 해양정책연구소가 설립되었고 내가 최초의 소장으로 가게 되었다. 여성으로 해양 정책이라는 자연공학과 인문 사회를 연결하는 융합적인 위치에 서게 된 것은 큰 의미를 갖는다고 본다.

해양과기원의 설립 취지를 소개하면 다음과 같다. 첫째, 해양과 해양 자원의 체계적 연구와 개발, 관리와 이용, 둘째, 해양 분야 우수 전문 인력 양성, 셋째, 국가 해양 과학 기술 발전과 국제적 경쟁력 확보다. 우리 연구원의 핵심 가치는 수월성, 국제성, 책임성, 융합성이며, 비전은 해양 과학 기술의 글로벌 리더다. 우리 연구원은 해양의 국가

우리나라 최초로 해양 정책 및 해양과학기술 정책을 담당하는 해양정책연구소의 초대 소장직을 맡았다.

현안 문제 해결과 신개척 분야에 대한 연구 개발 역량을 강화하고, 특히 기초·원천 기술 개발에서 실용화까지 일련의 연구 개발을 시스템적으로 추진할 계획이다. 이를 위해 해양 경제 영토 확장, 극지·대양 연계 프로그램 추진 등 더 넓게 연구할 것이고, 심해 연구 강화를 위해 더 깊게, 융·복합 기술 기반 실시간 관측 및 예측 정보 제공을 위해 더 안전하게, 해양 플랜트, 해양 에너지 등 해양 신산업 육성을 위해 더 풍요롭게 연구할 전략을 갖고 있다. 그리고 해양 기초 과학, 해양 응용 및 실용화, 현안 문제 해결 연구를 설정하고, 연구 영역의 선택과 집중을 위해 12대 중점 연구 분야를 설정하는 한편 해양과기원의 핵심 역량 확보를 위해 우선으로 추진해야 할 전략 연구 프로그램과 연구 과제를 도출하여 추진할 계획으로 중장기 전략을 도출했다.

연구원의 2020년까지 발전 목표는 국내 해양 과학 기술 수준을 향상해 미래 신해양 시대를 주도하고, 뛰어난 연구 성과 창출을 기반으로 세계 최고 수준의 우수 연구 센터를 구축하며, 대양, 극지해, 심해를 대상으로 하는 대형 프로그램 중심의 연구 사업을 수행하여 글로벌 해양 연구의 구심점 역할 등을 통해 글로벌 대양 연구 선도 기관을 만드는 것이다. 지난 40년간 축적된 연구 경험을 바탕으로 산업체와 대학과의 협력을 통해 해양 과학 기술 발전의 새로운 장을 마련하고, 세계 최고 수준의 연구 조사선, 시설 및 장비 등도 산·학·연이 공동 활용할 수 있는 시스템 및 환경을 조성하여 해양 과학 기술 분야 산·학·연 협력의 플랫폼을 구축할 계획이다. 그리고 해양 인재 양성 기관으로서 박사후 연구원 과정 장학생 프로그램과 해양 관련 대학과 석·박사 공동 학위

4 | 행동하지 않으면 변화도 없다

2012년 여수 엑스포에서 반기문 UN 사무총장과 세계 속에 한국의 해양과학에 관해 담소를 나누었다.

프로그램 등을 운영하여 해양 분야 우수 전문 인력을 양성할 것이다. 연구원에 채용된 신진 연구자가 세계 최고 수준의 과학자로 성장할 수 있도록 전주기적인 지원 체제를 운영하며 연구원의 능력을 배양하고 국내외 우수 해양 과학자를 채용 영입하고, 해양 관련 대학교수의 겸직 연구원 활용 등 우수 인력을 지속해서 확보함으로써 세계적인 연구 경쟁력을 키울 계획이다.

이 모든 것의 중심에 해양정책연구소가 있다. 해양정책연구소는 한국해양과학기술원 원장 직속 산하로서 한국해양과학기술원의 탄생과 함께 우리나라 해양과학기술 연구를 선도하는 역할뿐만 아니라 해양 정책 전반에 대한 브레인 역할을 하는 곳이다. 이전의 분산된 정책·전략 연구 기능을 한 프레임 속에 담았다. 따라서 우리나라 해양의 미래뿐만 아니라 세계 해양 정책을 책임지는 곳으로 거듭나는 것이 꿈이다. 해양정책연구소에 앞으로 주어진 기본 과제는 국가 해양 극지 정책의 싱크 탱크로서 대형 융복합 연구 프로그램 개발, 연구 성과에 기반을 둔 산업화 촉진 기능 확대, 그리고 대정부 해양 정책 선도 등이다. 해양 정책연구소는 현재 해양 영토 및 해양 환경과 융합 연구 전략, 해양 정책 산업 등 세 개 영역을 기반으로 하고 있다.

해양정책연구소는 우리나라 최초로 해양 정책 및 해양과학기술 정책을 담당하는 전문 부서인 만큼 초대 소장직을 맡은 나로서는 무거운 책임감을 느낀다. 해양은 종합 과학이므로 해양정책연구소가 해양 전반에 대한 명실상부한 원스톱 실행 체계가 될 수 있도록 체계를 강화할 필요가 있다. 앞으로 좋은 결과가 있기를 기대한다.